吉田伸夫

量子で読み解く
生命・宇宙・時間

GS
幻冬舎新書
643

はじめに

「量子論」と聞いて、何をイメージするだろうか？　少し科学に関心のある人は、「シュレディンガーの猫」とか「並行世界」といった話題を想起するかもしれない。高校で物理を選択したなら、原子の構造のようなミクロな世界を記述する理論だったと思い起こすだろう。

いずれにせよ、日常生活とは何の関わりもない理論で、浮世離れした物理学者と、一部の科学愛好家だけが面白がる分野だと見なされそうだ。

しかし、実は、量子論はわれわれの生活に深く関わっている。なぜガラスは透明で、金属はキラキラと輝くのか。なぜ氷はダイヤモンドよりも簡単に砕け、食塩はすぐ水に溶けるのか。物質に関する「なぜ」に答えるには、ほぼすべてのケースで量子論の知識が必要となる。コンピュータやスマートフォンのようなＩＴ機器の動作を支える半導体は、量子論に基づいて設計されている。

さらに、この世界になぜ秩序が存在するかという根源的な謎に対しても、量子論が答えの鍵を握っている。物に形があるのは、原子が量子論に従って規則的に配列し、結晶構造を実現するから。こうした構造は、原子が実は波であり、特定の配列になったときに安定な共鳴状態を形作ると考えると、理解しやすくなる。波の効果は、生命が秩序正しく活動する際にも、本質的な役割を果たす。

量子論は、世界とは何かを理解する上で、必要不可欠な理論である。量子論なしには、なぜ世界がこのようにあるのか、全くわからない。にもかかわらず、ほとんどの人が量子論を理解できないでいる。そこには、単に量子論が難解だからとは言い切れない事情がある。

私自身、大学で量子論を勉強した際にかなり困惑したが、原因は、何が起きているか具体的にイメージできないことにあった。原子の構造や電子ビームの振る舞いからは、どう見ても波が生じているとしか思えないのに、教科書では、「波が実在する」という見方が否定されている。歴史的には、波の実在性を主張したシュレディンガーが自分の理論に自信を持ち過ぎて勇み足的に拡大解釈をしてしまい、そのせいで生じた致命的な欠点を、数学的な理論体系を構築したハイゼンベルクに批判されたという。だが、波というわかりやすく明確なイメージがなぜ否定されるのか。

事情がわかったのは、場の量子論という理論を学んでからである。物理現象の根底に波があるというシュレディンガーのアイデアは、波動場の理論としてヨルダンやパウリに受け継がれたが、当初、彼らの理論は具体的な計算が何もできず、役立たずのダメ理論と思われた。状況が変化し、波動場の量子論があらゆる物理現象の基盤だと判明するのは、１９７０年代に入ってからである。

私より少し若い世代までは、学生時代に、場の量子論が受け入れられる以前の教科書で勉強した。それによれば、波のイメージは、問題を解くヒントにはなっても、現実には存在しない「補助線」でしかない。だが、ハイゼンベルクによって否定されたのは、あくまでシュレディンガーの勇み足の部分であり、ヨルダンらが提唱した波動場の考え方は、決して有効性を失っていないはずである。

こうした見方を踏まえて、本書では、ハイゼンベルクらによって数学的に構築された量子論ではなく、しばしば異端とされるアインシュタイン、シュレディンガー、ヨルダンの描像を利用し、量子論的な現象を波動のイメージに基づいて解釈する。そうすることによって、物理現象の根底にあるのが何かがはっきりと見えてくるはずである。

量子で読み解く生命・宇宙・時間／目次

DTP　美創

第I部

量子論の不思議

第1章　量子は身近なところに

世界は美しい。だが、なぜ美しいのか？

例えば、こんな世界は美しくないだろう。辺りを見回しても、形あるものは何もない。ただ、ガスや泥のように、とりとめなく変化し続けるばかり。そんなドロドロでグニュグニュの世界。想像しがたいかもしれないが、世界とは本来、そんな姿になってもおかしくないのだ。

物質には、形があるのが当たり前で、形がないのは例外だと思われるかもしれない。しかし、それは地球の表面にへばりついて生きている人類の偏見である。宇宙全体を見渡すと、物質の大部分は、プラズマ（高温のため原子が電離して荷電粒子の気体となったもの）や暗黒物質（電荷を持たないため原子を形成しないガス状の物質）のように、形のないものである。

重力の作用で球状にまとまった恒星、あるいは、渦巻きや楕円体の形に星やガスが集合した銀河には、形があると言ってもいいだろう。しかし、宇宙に存在する天体が、球や渦巻きよりも高度な幾何学図形を形作ったり、さまざまな機能を実現する合目的的《ごうもくてきてき》なシステムだったりすることはない。規則的と言えるのは、せいぜい、球状の層に分かれた星の内部構造くらいである。

それでは、われわれの周囲にある物質が、しばしば長期にわたって複雑な形態を維持し、生命体のように精妙な組織を形作れるのはなぜだろうか？　この問いに答えるのが、「量子論」という物理学の分野である。量子論によって初めて説明が可能になる物理的な効果――「量子効果」と呼ばれる――は、物質に関わるあらゆる物理現象に見られる。物質に形や大きさがあるのも量子効果である。われわれが住んでいるのが、生命を宿し複雑精妙なできごとに満ちあふれた美しい世界であるのは、量子効果のおかげである。

それでは、量子効果やそれを記述する量子論とは、いかなるものなのか？　まず、量子効果が表面化していない現象と比較することから始めたい。

砂粒から命は生まれない

古典的な物理学の規範とされたニュートン力学は、物体が運動方程式に従って真空中を動き回るという形式になっていた。これは、時計のような機械仕掛けや惑星の公転など、決まり切った動きを説明するには便利な理論だが、複雑な構造を生み出す現象に対しては、ほとんど無力である。

ニュートン力学に支配され量子効果が無視できる世界でも、ある種の〝形〟が現れることがある。典型的な例として、風紋を取り上げよう。風紋とは、小さな砂粒が地面を覆った砂砂《すなさ》漠《ばく》

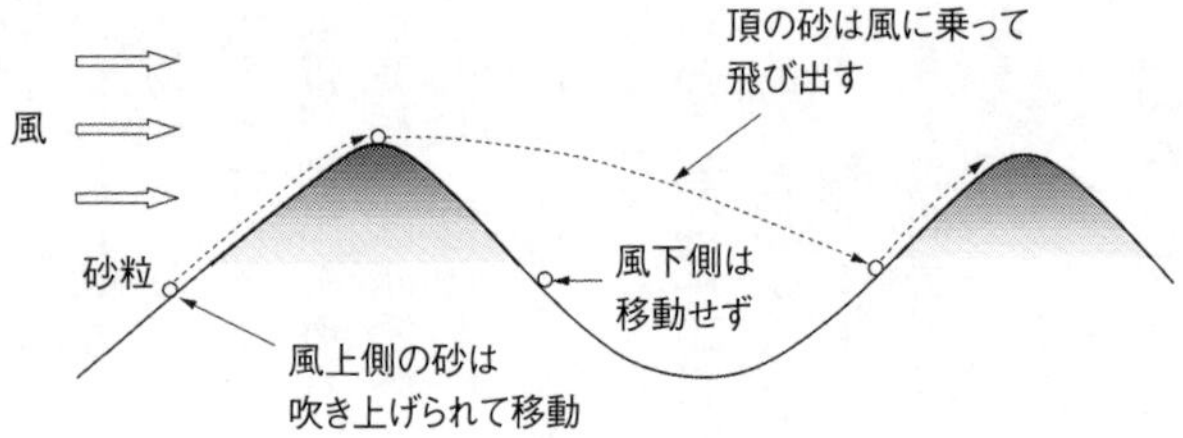

図1-1　風紋の形成

や砂丘の表面に見られる帯状の模様である（そもそも砂粒が存在できることは、結晶の安定性によって形を維持する量子効果の現れだが、この点は深く追求しない）。

風紋がなぜ形成されるのか、大ざっぱなメカニズムは、初等的な物理学で説明できる（図1－1）。砂粒が水平に敷き詰められた領域に、同じ向きに風が吹いている場合を考えよう。風速が臨界値を超えると砂粒が砂地の表面に沿って動き始め、さらに風の勢いが増すと宙に飛び出す。ただし、一般的な砂粒は、粒が微細な黄砂のように浮遊し続けることはなく、10センチかそこら飛行すると、重力の作用を受けて落下する。

砂地の表面が、何らかの理由で数センチ程度の範囲で盛り上がっていたとしよう。風上側の斜面では砂粒が移動し、最も高くなった地点から飛び出す。この砂粒が、10センチほど離れた地点に降り積もって、新たな盛り上がりを作る。一方、風下側の斜面では、砂粒はあまり移動しない。また、飛行の向きは風向に応じて変動するので、降り積もる地点は横方向に広がる。

砂地のどこかに偶然生まれた盛り上がりがあると、その風下には横に広がった盛り上がりが生まれる。こうした過程が連鎖的に続いた結果として、砂地の表面に、畝《うね》のような形が何筋も形成される。これが風紋である。風が吹き続けると、盛り上がりの頂上が崩れたり、表面を移動する砂粒が風下側に押し出されたりするため、風紋は、高さがあまり変わらないまま筋の形を刻々と変化させていく。

風紋が描き出す模様は、抽象的なアートのようで見ていて飽きない。しかし、いくら美しい模様が作られるからと言って、風紋がいつか進化を遂げ、「風紋生命」を誕生させることは、あり得ない。

なぜ風紋は生命に進化できないのか？　その理由は、安定した構造が形成できないことにある。

風紋は、人の目に美しい模様を見せてくれる。しかし、風に吹き飛ばされては着地するという頼りない過程が刹那《せつな》的に生み出す形態であり、変化し続けるばかりで安定性に欠ける。物理学で言う「構造の安定性」とは、大理石彫刻のように堅牢《けんろう》で変化しないことではなく、わずかに変化を加えても自然に元に戻ることを意味する。ヤジロベエのようなメカニズムだが、人間が設計した工作物ではなく、「自然に」という点が重要である。こうした構造安定性は、

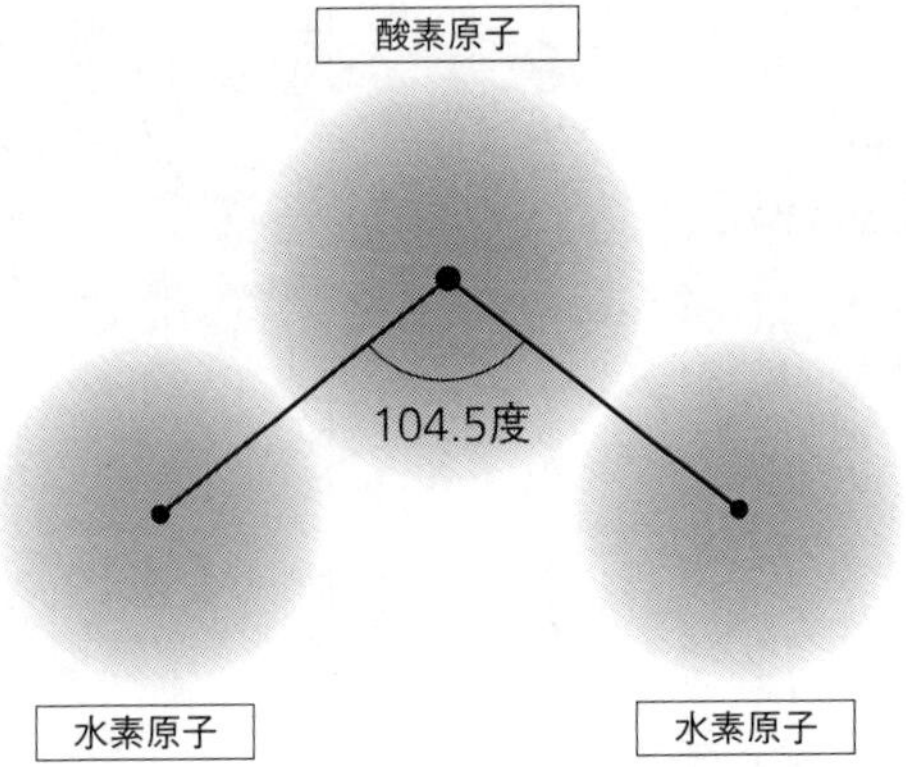

図1-2　水分子の構造

多くの場合、量子効果の現れである。

分子が作る安定な構造

例として、脂質分子が水中で安定な膜構造を形成する仕組みを見てみよう。

水の分子は、酸素原子１個に水素原子２個が結合し、「く」の字形に折れ曲がっている。３つの原子がなす角度は、すべての水分子に共通であり、１０４・５度である（図１－２）。水素原子が正に、酸素原子が負に帯電するため、部分的に電荷を帯びた他の分子がどのように接近するかに応じて、電気的に引き寄せたり遠ざけたりする作用がある。

一方、生物の体内に多く存在する脂質分子は、尾が２本に分かれたオタマジャクシのような形状をしている。頭に相当する部分は、水になじ

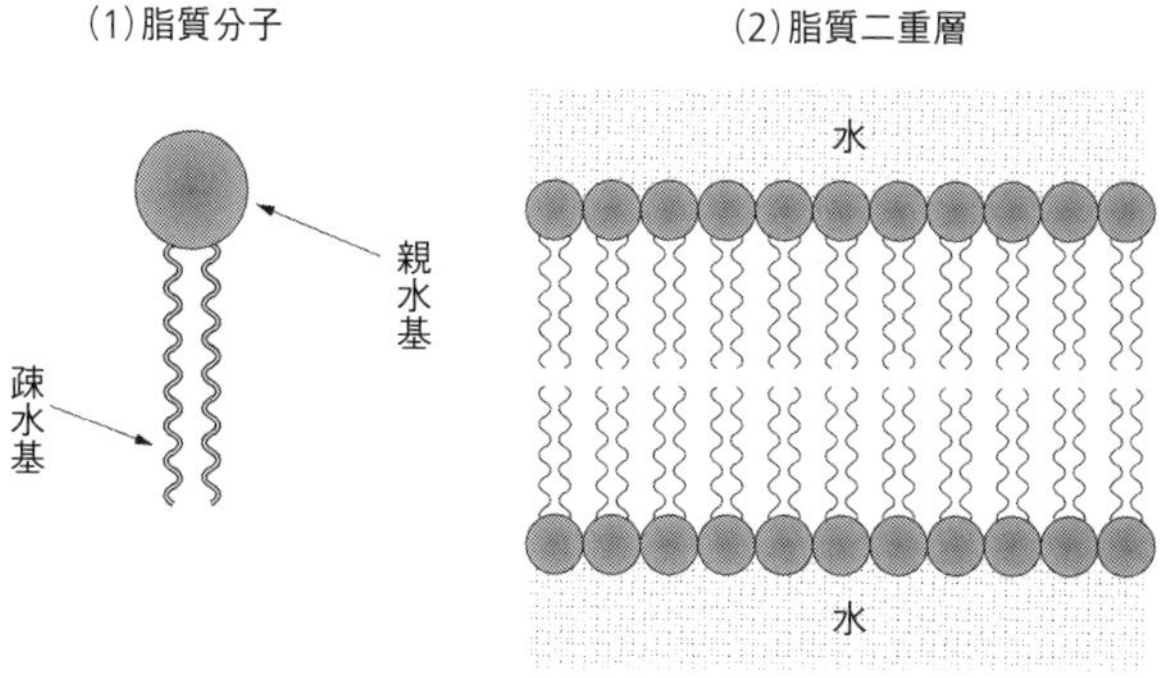

図1-3　脂質分子の構造

んで溶け込もうとする性質があり、親水基(「基」とは、分子内部において、まとまった状態で機能したり場所を移したりする原子集団のこと)と呼ばれる。逆に、しっぽの部分は、水と反発して離れようとする疎水基である。

1つの分子に親水基と疎水基があるため、水中に多数の脂質分子が入り込むと、集団で水分子と相互作用し構造を形成する。脂質分子が水面近くにある場合、疎水基が水から出て行こうとし親水基がとどまろうとするので、疎水基を外に向けた状態で水面を覆う薄い膜となる。一方、水の中では、水と反発した疎水基同士が自然と集まるため、脂質分子は、内側に疎水基、外側に親水基が並んだ二重層を作って安定化する(図1－3)。

二重層に端があると、そこで水分子と引き合ったり反発したりといった相互作用が生じるため、二重層は端のない閉じた曲面になろうとし、その結果として、閉曲面の膜に閉じ込められた領域ができる。生命の基本単位となる細胞は、このようにして形作られる。細胞の境界となる膜は物質の移動を制限するため、内側と外側で溶液濃度が異なることも起こり得る。化学反応の頻度は濃度に左右されるので、膜の内側では、栄養物の代謝のように外部では起きにくい反応が進行することも可能である。

脂質分子が形成した二重層の膜は、力を加えると変形はするものの、水を内側と外側に分けるという基本的な構造はなかなか壊れない。部分的に小さな穴が開いても、水分子と引き合ったり反発したりするという脂質分子の特性によって、自然と穴を塞ぐように分子が移動するからである。これが、細胞膜が構造安定性を持つ理由であり、この安定性があるからこそ、生物は存続が可能になる。細胞膜がすぐに壊れて内側と外側の差がなくなるようでは、生物は生きられない。

生命を駆動する精密機械

生物体の機能は、一般に、脂質二重層によって外界から切り離された安定な環境の中で、複雑な分子が一連の化学反応を行うことによって実現される。例えば、光のエネルギーを有機物の化学エネルギーに変換する光合成は、細胞小器官である葉緑体内部のクロロフィル（葉緑

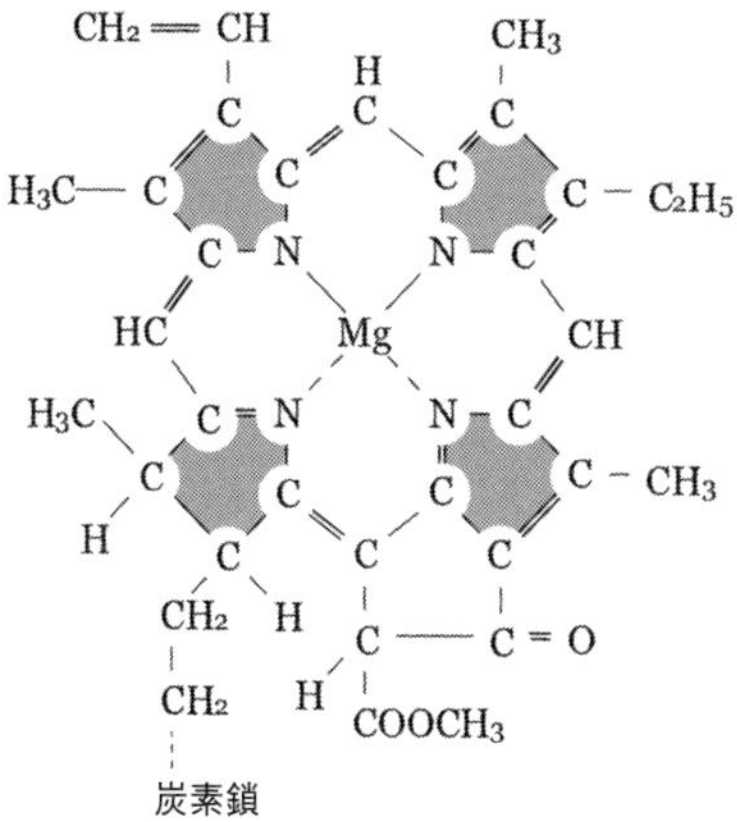

図1-4　クロロフィル

素）が光を吸収し、構造変化を起こすことから始まる。

クロロフィルにはいくつかの種類があるが、最も多いタイプは、五角形のリング４つがマグネシウムを取り囲んだ部分と、それにくっついた長い鎖状の部分から構成される（図１－４）。マグネシウム原子の他、炭素原子や窒素原子、酸素原子なども含み、あわせて１００個を超える原子からなる巨大な分子である。この分子が特定の波長の光を吸収すると、マグネシウムを放出したり電子の状態を変えたりしながら、さらなる化学反応を引き起こす。一連の反応の末に、光が持っていたエネルギーを安定した化学エネルギーに変換する過程が、光合成である。

光合成に限らない。あらゆる生命活動の根底には、巨大な分子がその構造や結合の仕方を変えながら複雑に変化する過程が存在する。

　神経興奮や筋肉の収縮、生合成のようにエネルギーの供給が必要な活動で、多くの生物は、ＡＴＰ（アデノシン三リン酸）を利用する。ＡＴＰは、アデノシンに３つのリン酸が結合した構造をしており、内部に化学エネルギーが蓄えられている。酵素の作用でＡＤＰ（アデノシン二リン酸）とリン酸に分解される際に、外部にエネルギーを解放する。ＡＴＰの分解生成物であるＡＤＰは、そのまま使い捨てにされるのではなく、食物によりエネルギーを供給してリン酸と結合させることで、再びＡＴＰに戻される。ＡＴＰは、いったんＡＤＰに分解されてもまた元に戻るような安定した構造を持っており、それ故に、再利用可能なエネルギー蓄積装置として生命活動を支える。

　多数の原子が結合した巨大な分子は、さまざまな作業を行う精密機械であり、その機能は、人間の技術が到底及ばない水準にある。

　自動車のエンジンは、筐体《きようたい》内部で気化したガソリンを爆発させ、その勢いでピストンを押し出すことで移動のためのエネルギーを生み出す。炭素化合物の分子に蓄積された化学エネルギーを利用する点は、生物の場合と共通するが、爆発によって運動エネルギーに変換するという荒っぽい過程を経るため、ガソリンに含まれるエネルギーのうち移動のために利用できるのは、せいぜい20～30パーセントである。

これに対して、バクテリアが移動の際に使う鞭毛《べんもう》は、エネルギー効率が遥かに高い。細胞膜内外でのイオンの濃度差を利用して、らせん状のフィラメントをプロペラのように回転させる分子モーターを駆動しているのだが、イオンの流れが持つエネルギーの１００パーセント近くを活用している。

生気論から量子論へ

精密な分子機械を活用することで初めて可能になる生命の営みは、前近代の人々にとって、ほとんど理解できない代物だった。歯車やゼンマイのような巨視的な物体を組み合わせて駆動させる機械類は、たとえ最高水準の技術を駆使したものであっても、生物が実現する機能に遠く及ばない。このため、19世紀頃まで、生物は通常の物質とは異なる法則に従うという生気論が、根強く信奉されることになった。

現代では、こうした生気論を信じる科学者はいないだろう。生命活動が物理学によって完全に解明された訳ではないにしても、光合成や神経興奮における物質的なプロセスがかなりのレベルまで明らかにされ、生命が物質と同じ物理法則に従っていることは、ほぼ確実になった。

ただし、生命が従う物理法則は、「物体は加えられた力に比例する加速度で運動する」といったニュートン力学とは、本質的に異なる。ニュートン力学では、風紋の模様を作ることはできても、精密機械のように作動する分子を生み出すことはできない。

もし分子がニュートン力学に従うのなら、水分子が常に一定の折れ曲がり角を保つことなどありそうもない。原子が押し合いへし合いしながら動き回っているのに、折れ曲がり角が特定の値になった瞬間、すべての力がうまく釣り合うようなメカニズムは、想像することも難しい。

いくつもの原子から構成される分子が安定な構造を維持し、複雑な反応を実現するのは、原子レベルの物理現象を支配するのが、量子論だからである。生物が示す複雑精妙な現象を説明するのに、生気論は必要ない。こうした現象は、量子論によって解明することができる（はずである）。

量子論は、生物であろうとなかろうと、原子レベルのあらゆる現象を支配する。物質に大きさや形があるのも、水分子が一定の角度で折れ曲がりクロロフィルが複雑な構造を保つのも、量子効果の現れである。具体的なメカニズムの説明は後の議論に譲ることにして、結論だけを述べるならば、物質の構成要素の間に働く電気的相互作用を量子論によって記述すると、複雑な構造が自律的に（外部の誰かが意図的に形を整えたのではなく）形成されることがわかる。

原子核と電子の自在なシステム

物質の構成要素というと、原子を思い浮かべる人も多いだろう。しかし、物理学的には、原子核と電子に分けて考えた方がイメージしやすい。原子は、質量の９９・９パーセント以上を占める重い原子核と、その周囲に存在する軽い電子から構成される。電子の質量は、最も軽い原子核である水素原子核（陽子と呼ばれる粒子）の１８００分の１しかない。

原子の大きさとは、電子の存在する範囲がどこまで広がっているかを示しており、数十億から１００億分の１メートル程度になる。一方、原子核の差し渡しは、数百兆分の１メートル程度で、原子の広がりに比べると、点にしか見えないほど小さい。小さいけれどもずっしりと重い原子核が点々と存在し、その周囲に、軽く速やかに動く電子の集団がある。

原子核はプラス、電子はマイナスの符号を持つ電荷を帯びている。原子核と電子は電気的な引力で引き合うので、ふつうに考えるならば、そのままくっついてしまう。ところが、電子は軽くて速やかに動くはずなのに、なぜか原子核と合体することなく広がったままなのである。

しかも、原子核と電子から構成されるシステムは、時にしなやかに変動し、時に頑強なままでに固くなる。水分子の場合、「くの字」に折れ曲がるときの角度が常に１０４・５度であることに示されるように、ほとんど変形しない堅牢な構造を持つ。一方、水分子同士や水分子と脂質分子は、くっついたり離れたりと相互の位置を頻繁に変える。

原子核と電子が構成するシステムは、分子以外にもいくつかある。原子核が規則的に配列する結晶では、一定の幾何学的な構造が保たれている。例えば、塩化ナトリウムの結晶は、塩素

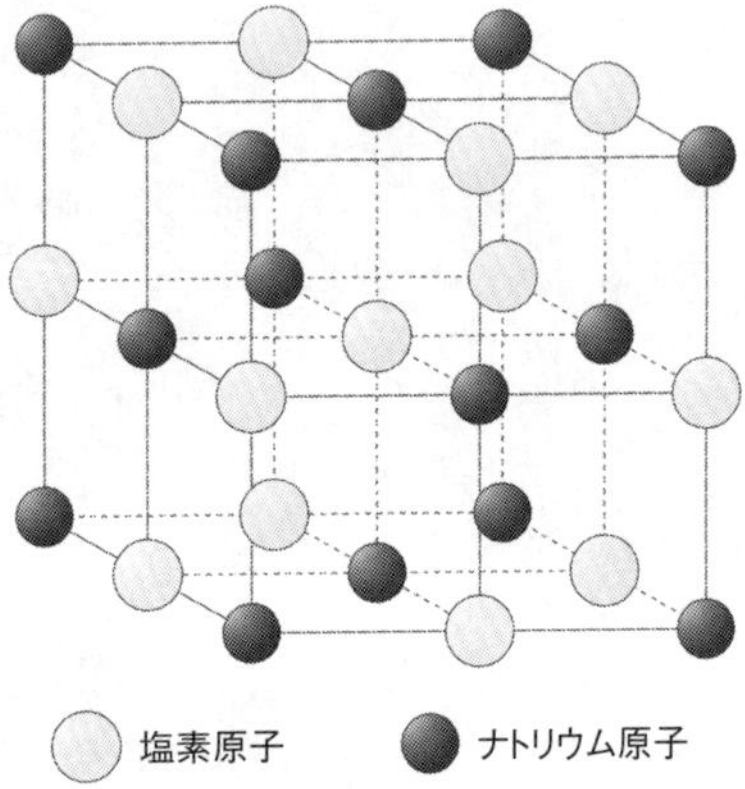

図1-5　塩化ナトリウム結晶

とナトリウムが一定の間隔で交互に並んだ立方格子（立方体を単位とする格子）を形作る（図1－5）。古い梅干しの壺の中に、白い直方体状の塩化ナトリウム結晶が、肉眼で見えるほど成長した状態で析出していることもある。

しかし、結晶のすべての部分が頑強という訳ではない。金属結晶の場合、外部から電圧を加えるだけで、自由電子と呼ばれる一部の電子が、並んだ原子核の間をまるで流れるように移動していく（実際には、自由電子は熱による高速運動をランダムに行っており、電圧が加わると、平均的な位置がごくわずかずつずれるように動く）。自由に動き回れる電子があるおかげで、金属結晶はダイヤモンド結晶などに比べて柔らかく、曲げたり延ばしたりしやすい。

原子核と電子のシステムが見せる、時にしなやかで時にかたくなな振る舞いは、ニュートン力学では説明できない。電子がニュートンの運動方程式に従って動いていたならば、必ず原子核にくっついて離れなくなってしまう。ニュートン力学とは本質的に異なる物理法則が支配していると考えなければならない。

この物理法則がいかなるものなのか、20世紀の物理学者は、何十年もかけた長い試行錯誤の末に、ようやく発見したのである。

最も簡単なケースから始める

物理学者は、ある性質の起源を解明しようとするとき、その性質を有する最も簡単なシステムを考察の対象とする。原子レベルの現象を支配する物理法則がいかなるものかを考える際、いきなり、脂質やタンパク質のような、原子数が何十・何百となる生体分子を取り上げたのでは、問題を解く鍵を見つけることすらできないだろう。物理学者が最も簡単なシステムとして目を向けたのは、水素原子だった。

原子が、小さくて重い1個の原子核と、広い範囲に分布する軽い何個かの電子から構成されることは、１９１１年に金の結晶を用いた実験によって見出された。原子核と電子という構成は、重い1個の太陽と軽い何個かの惑星から構成される太陽系とよく似ている。このため、原子でも太陽系と同じように、正電荷を持つ原子核と負電荷を持つ電子の間のクーロン力（電荷間に働く静電気力で、重力と同様に距離の2乗に逆比例する）によって、電子が原子核の周囲を回転しているのではないかと考える人もいた。

しかし、原子の性質を調べるうちに、ニュートン力学に従う太陽系とは全く異質の物理法則に従うことがわかってくる。中でも奇妙だったのは、原子が持つエネルギーが、太陽系とは異なり、整数によって指定される離散的な（＝とびとびの）値になることだった。

「エネルギーが整数で指定される」という性質が、後に判明したように、最も単純な量子効果なのである。まず、エネルギーが持つこうした規則性が、重力で形成される太陽系の場合とどれほど異なっているかを見ていこう。

重力に支配された惑星系

恒星を中心とする惑星系は、重力作用で星間物質が凝集《ぎょうしゅう》することによって誕生した。ガスや塵《ちり》などの星間物質が集まるとき、すべてが真っ直ぐに一点に向かうことはない。集まる向きが互いに少しずつずれるため、一挙に凝集して星ができるのではなく、全体として渦を巻くように回転しながら集まってくる。このとき、回転軸に垂直な方向には遠心力が働くため、物質はなかなか集まれない。一方、回転軸に平行な方向に遠心力は作用せず、重力によって物質同士が引き合う。その結果、集まってきた物質全体が扁平な円盤状になる。これが、原始惑

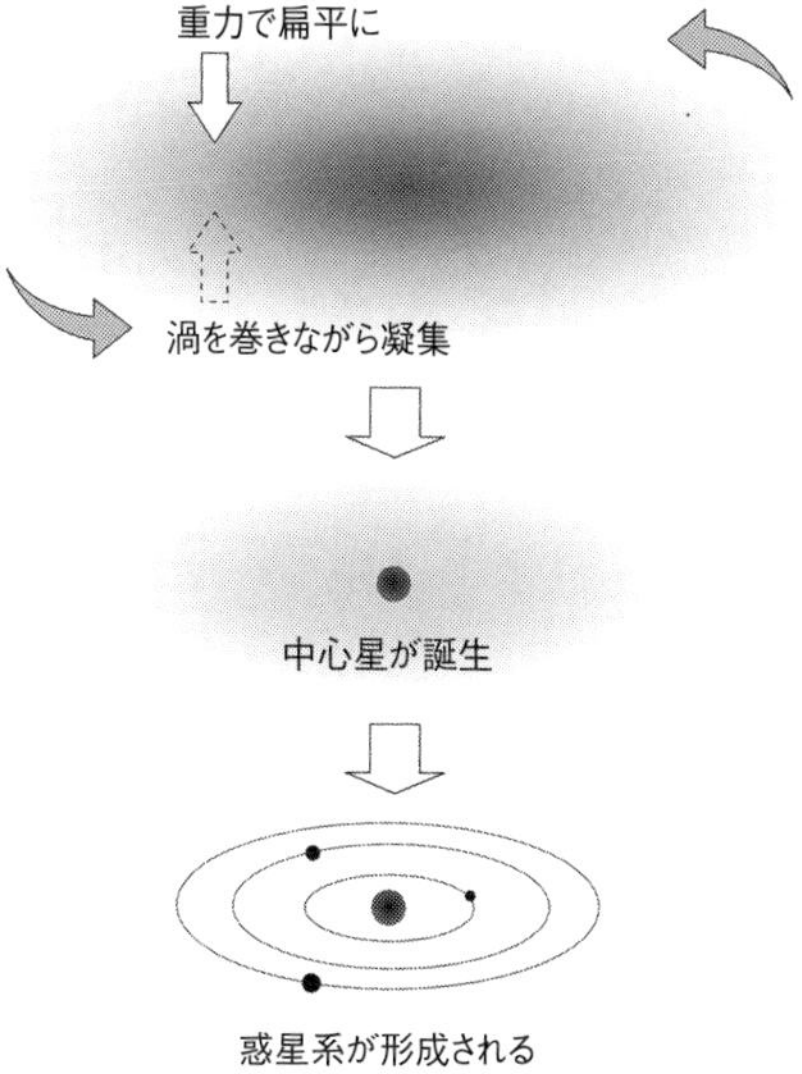

図1-6　惑星系の形成

星系円盤と呼ばれるものである（図1－6）。

円盤内部の物質のうち、全体的な渦巻き運動から大きく外れた運動をするものがあると、周囲の物質との摩擦によって回転のエネルギーを失う。人工衛星が大気との摩擦で回転エネルギーを失うと地表に落下してくるが、それと同じように、渦巻き運動から外れた物質は中心部に落ち込んでいく。こうして、中心部の質量は次第に増大して自重によって収縮し、巨大な天体となる。質量が充分に大きいと、内部の圧力が高くなって核融合を開始し、光を放出する恒星となる。

ただし、回転エネルギーを失った物

質が集まってきたので、円盤の中心にあるガスでできた恒星は、自転の勢いがあまり大きくない。こうした恒星の場合、中心から見てどの方向でもほぼ同じように重力が働き、ガスを低い場所へと集めるので、最終的には凹凸のない球を形作る。

一方、周囲に残された物質は、回転のエネルギーが比較的大きく、そのまま恒星の周囲を回り続ける。円からずれると相互にぶつかりやすいので、多くの物質は自然に円運動をするようになる。そうした物質のうち、公転半径が近いものは互いに重力で引き合い、1つにまとまって惑星となる。

中心に近い惑星は、恒星から放出される巨大なエネルギーによって揮発性の物質が吹き飛ばされ、岩石惑星となる。太陽系の場合は、水星から火星までの惑星である。水が氷結するほど恒星から遠い惑星は、氷の核が生み出す重力で周囲のガスを集めて、巨大なガス惑星となる。太陽系では、木星と土星がこれに当たる。天王星と海王星は、ガスを充分に集められずに、ほどほどの大きさにとどまった。

このような過程によって、恒星の周囲を円に近い軌道を描いていくつもの惑星が周回するシステムが、自律的に形成された。このシステムは、原子核の周囲に軽い電子がいくつも集まった原子と、似ていなくもない。それでは、原子の持つ性質も、惑星系と同じように、相互作用によって自律的に獲得されたものと見なせるのだろうか？

	公転半径	質量	エネルギー
水星	0.39	0.055	−0.14
金星	0.72	0.815	−1.13
地球	1	1	−1
火星	1.52	0.107	−0.07
木星	5.2	317.8	−61.1
土星	9.58	95.2	−9.94
天王星	19.2	14.5	−0.76
海王星	30.05	17.1	−0.57

図1-7　惑星の公転半径・質量・エネルギー

惑星系と原子の決定的な違い

惑星系と原子では、決定的な違いがある。それは、惑星の公転軌道やエネルギーに、原子に見られる単純な規則性が存在しない点である。原子では、エネルギーなどの物理量が、整数と物理定数を組み合わせたシンプルな数式で表すことができる。しかし、惑星系の場合、それぞれの惑星の質量や公転半径に、そのような規則性はない。

　地球を含む太陽系惑星では、地球の質量や公転半径を基準とすると、各惑星の質量・公転半径・エネルギーが図1－7のようになる。

　公転半径は、木星から天王星まではほぼ倍々になるなど、近似的には規則性らしきものが感じられるが、厳密な法則と言えるものではなく、単なる傾向性と呼んだ方が良さそうだ。

　惑星が持つ力学的エネルギーは、重力による位置エネルギーと運動エネルギーの和として与えられ、円運動の場合は、質量を公転半径で割った値に比例する。惑星のように、いつまでも太陽の周辺に束縛されているときの力学的エネルギーは、必ずマイナスになる（後で水素原子内部の電子によるエネルギーを取り上げるが、これも原子に束縛されているので、値はマイナスである）。一方、２０１７年に発見されたオウムアムアのように、太陽の重力を振り切ってどこまでも遠ざかれるような恒星間天体では、重力が無視できる遠方で正の運動エネルギーを持つ必要があるため、力学的エネルギーは正となる。

　地球を基準としたときの各惑星が持つ力学的エネルギーは、図１－７の最後の列に示されるように、どう見てもバラバラで何の規則性もない。

　惑星の軌道半径や質量に普遍的な規則性が存在しないことは、近年、観測が進んでいる太陽系以外の惑星（系外惑星）のデータからも示される。軌道半径は、地球の１００分の1から10倍という広い範囲にわたって分布しており、明確な規則性は見出せない。最初に発見された系外惑星であるペガスス座51番星bは、質量が地球の１５０倍以上もある木星型の巨大ガス惑星なのに、軌道半径は地球の20分の1程度で、表面温度が１０００度以上に達する〝ホットジュピター〟である。おそらく、遠方で巨大ガス惑星に成長した後、他の天体との衝突などによって運動エネルギーを失い、恒星に接近したものと推測される。

水素原子が示す規則性

軌道半径やエネルギーに厳密な規則性のない惑星系と比べると、原子は全く異なった姿を見せる。

原子核に内部構造があり、複数個の陽子と中性子が結合したものであることは、１９３０年代に判明した。例えば、酸素の安定原子核は、８個の陽子と８～10個の中性子が結合しており、大気中に存在する酸素の99・８パーセントは、中性子が８個である。これに対して、水素（厳密に言えば、重水素や三重水素でない軽水素）の原子核は、陽子そのものである。この陽子に、１個の電子が電気的な引力で束縛されたのが、水素原子である。

中性子は、その名の通り電気的に中性である。一方、陽子は、電子の電荷と絶対値が等しく符号が反対の正電荷を持つ。陽子と電子の電荷は合計でプラスマイナスゼロになるので、水素原子全体は電気的に中性である。中性の水素原子は化学変化を起こしやすいため、地上にはほとんど存在しないが、物質密度の低い宇宙空間なら、わずかながら存在する。

陽子の質量は電子の１８００倍なので、質量の比だけ見ると、太陽の質量が木星のほぼ１０００倍になる太陽系の関係と似ている。しかし、規則性という点で、水素原子は太陽系と全く異なる。

惑星の軌道半径がどうなるかは、ガスや塵などの物質が渦を巻きながら凝集する過程に左右され、物理法則だけでは決まらない。宇宙には多数の惑星系が存在しており、すでに数千個の系外惑星が発見されているが、その軌道半径はまちまちである。

一方、原子の場合は、物理法則で電子分布の広がりが決まる。電子は原子核の周囲を円運動する訳ではないものの、電子・原子核間の平均的な距離なら、具体的な値を求められる。平均距離は原子の持つエネルギーによって変化するが、最低エネルギー状態にある水素原子の場合は、０・０８ナノメートル（１ナノメートルは10億分の１メートル）となる。この平均距離は、惑星系と異なり、あらゆる水素原子に共通する。

地球は差し渡し10万光年の天の川銀河内部にあるが、そこから２５０万光年の彼方にあるアンドロメダ銀河にも水素原子が存在する。２５０万年かけて地球までやってくる光をプリズムで分解し、得られた光の帯（スペクトル）のどこに線が入るかを調べると、アンドロメダの水素原子がどのような状態にあるかがわかる。このデータを分析した結果、水素原子は、アンドロメダでも地球と同じ物理法則に従っていると判明した。電子の質量や陽子と電子の平均距離も、地球と変わらない。

惑星系の構造は、どのように物質が凝集するかという偶然の要素に左右される。しかし、原子核と電子から作られる原子は、そうではない。普遍的な（すなわち、天の川銀河でもアンドロメダ銀河でも成り立つような）法則に従って構造が決定される。

惑星系の形成に際しては、ニュートンの重力理論や運動方程式が支配的だが、原子が形作られるときには、ニュートン力学と本質的に異なる物理法則に従う。そのことを明確に示すのが、水素原子のエネルギーが持つ規則性である。

水素原子のエネルギーは、原子が吸収したり放出したりする光の波長に基づいて、実験的に測定できる。実験の内容については省略して、どんなエネルギー値が得られたかを示そう。

水素原子が持つ最も低いエネルギーを、$-E$と書くことにする（惑星の場合と同じように、電子が原子に束縛されるときのエネルギーは負になる）。より高いエネルギー状態になることもあるが、そのときのエネルギーは、$-E/4$、$-E/9$、$-E/16$……というように、最低エネルギーを整数の2乗で割った値となる（エネルギーが負なので、係数が小さいほど高エネルギー状態である）。図1－7（33ページ）に示した惑星系のエネルギーがバラバラなのとは、好対照である。

原子論――この奇妙なもの

水素原子のエネルギーが整数で指定される特定の値になることは、19世紀末から20世紀初頭にかけての実験で明らかになった。この性質は、大きな謎ではあるものの、同時に、原子論が直面していた危機的状況を回避する鍵になると考えられた。

19世紀の科学者は、化学反応を行う物質の質量が整数比になるといった知見に基づいて、物質には原子と呼ばれる構成要素があることを明らかにした。電池が開発され電気を用いた実験が普及した19世紀後半になると、原子の内部に、より根源的な何かが存在するとわかった。これらの構成要素は、正か負の電荷を持ち、電気的な相互作用を行う。これらの正体を巡ってしばらく議論が紛糾したものの、さまざまな実験データから、１９１０年代までに、それぞれ原子核と電子という小さな物体だと考えられるようになった。しかし、原子核と電子が、テニスボールのように空間内部を飛び回る粒子だとすると、この２つがどうやって安定な原子を構成できるのか、どうにも不思議である。

電磁気学の理論によれば、電荷を持つ２つの微小な粒子は、距離の逆2乗に比例するクーロン力を及ぼし合う。この力は、粒子同士がまっすぐに引き合うか反発し合うかのどちらかになる。２つの粒子が、クーロン力が作用するときの運動方程式に基づいて動くのならば、互いにどこまでも接近するか離反するかのいずれかしかあり得ない。クーロン力と運動方程式の組み合わせでは、粒子の間隔を一定に保つメカニズムはなく、原子核と電子が合体せずに安定な状態を実現することなどありそうにない。

それでは、なぜ現実に原子が存在できるのか？　この謎が、水素原子のエネルギーの性質と密接に関係することは、容易に想像できた。

　エネルギーに制限がなくどんな値でも取れるならば、大気との摩擦でエネルギーを失った人工衛星が地表に落下するように、電磁場との相互作用でエネルギーを失った電子が原子核に向かって落ちていく。最終的には、原子核と電子がくっついて電気的に中性の塊を形成し、物質は崩壊するはずである。

　ところが、水素原子のエネルギーが特定の値に制限されるならば、状況は一変する。もし電子の持つ力学的なエネルギーが、実験データに示されるように、$-E$を整数の2乗で割った値に制限されるのならば、$-E$より高い値である$-E/4$、$-E/9$、$-E/16$……はあり得ても、$-E$より低いエネルギーとなる状態は存在しない。$-E$が最低のエネルギーであり、そこからエネルギーを失って原子核に落ちていくことは、起こり得ないのである。

　ただし、この段階では、なぜエネルギーが整数で指定される離散的な値に制限されるのか、説明のしようがない。

　物質の根源的な構成要素が真空中を動き回る粒子だとする見方を（拡張された意味での）原子論と呼ぶならば、電子や原子核を粒子として扱う手法は、まさしく原子論そのものである。原子論は、化学反応に見られる量的関係を説明する上で根幹となる考え方である。しかし、素朴な原子論では、エネルギーの値が離散的になることの説明がつかない。

もしかしたら、電子のような物質の構成要素は粒子とは異なるのではないか？　こうした発想の飛躍によって登場したのが、量子論なのである。

第2章　波動が生み出す秩序

分子のような精密機械が、物理法則に従って自律的に作られるのはなぜか？　分子構造を実現するのが量子効果だとすると、量子効果とはどのようなメカニズムによって引き起こされるのだろうか？

この謎を解明する突破口を作ったのが、エルヴィン・シュレディンガーである。彼の提唱した波動力学は、物理現象の根底にある波動が量子効果を引き起こすことを示した。水素原子のエネルギーが整数で指定される値に制限されるのは、原子内部における電子の波動が、共鳴パターンとなる定在波に限定されるからだという。

この第2章では、シュレディンガーによる波動力学の考え方を簡単に紹介したい。要点を言うと、あらゆる物理現象の根底に波動が存在するという理論である。ただし、章の終わりで、オリジナルな理論には致命的な欠陥があったことを述べ、第3章の場の量子論へと橋渡しする。

原子と場

古代ギリシャの哲学者アリストテレスは、地上におけるあらゆる現象が、元素の組み合わさり方によって実現されると主張した。こうした元素は4種類あり、空間のあらゆる領域に広がっている。これらが凝集して混じり合うと、各元素の配合の違いによって、固体や液体、気体などのさまざまな性質を持つ物質を形作るという。

アリストテレス流の議論で興味深いのは、元素は至る所に存在しており、どこにも隙間がないという点である。「自然は真空を嫌う」という世界観だ。空間内部に物理現象の担い手が瀰《び》漫《まん》しているという考え方は、一般に、「場の理論」と呼ばれる。

場の理論と対立する考え方として、デモクリトスらによる「原子論」があった。これは、真空の内部を原子が運動することによって物理現象が生じるというもの。原子は定まった性質を有する独立した個体であり、他の原子と融合して性質が混じり合うことはない。

原子論の立場を採用したニュートンの力学が大きな成功を収めたこと、さらに、不変単位として原子を想定すると化学反応の前後における量的な関係が明確に説明できたことから、ヨーロッパの科学界では、19世紀初めまでに原子論的な見方が有力になった。しかし、同世紀半ばに電磁気学が体系化されると、空間のあらゆる場所に電磁現象の担い手となる電磁場が存在し、その振動が光として伝わることが確実視されるようになる。

こうして、物質は広義の原子と見なされる要素から構成され、要素間の力は電磁場が媒介するという考え方が生まれる。原子と場の二元論である。しかし、原子と場がどのような関係にあるかを巡って、多くの疑問が残された。原子に大きさがなければ、原子のすぐそばで場の値が発散しそうだし、大きさがあるならば、原子内部に場が侵入するかどうかを考えなければならない。

シュレディンガーの波動力学は、原子と場という異質な要素から構成される二元論を、場によって統一する理論だと言ってよい。電子という原子論的な存在とされてきたものを、波動方程式に従う波として扱う。ただし、この波を伝える媒質が何であるかは説明されない（し、どのような説明をしたとしても、シュレディンガーの用いた論法では、物理学的な誤りになる）。こうした強引とも言える論法によって、原子のエネルギーが持つ規則性に関して、数式で説明することができた。

水素原子が示す謎

もし、原子核や電子が正または負の電荷を持つ小さな粒子で、クーロンの法則に従って距離の逆2乗に比例する力を及ぼし合い、ニュートンの運動方程式に従って動き回るのならば、原子核と複数の電子がくっついて電気的に中性の塊となってしまう。原子核がある程度の大きさを持っていたとしても、電子は、その表面にゴマをまぶしたようにひっついて、電荷を中和するはずである。原子核と電子がくっついた中性の塊は、電気的な引力を受けないので、バラバラになって四散する。

たとえ、何らかのメカニズムによって原子核と電子がくっつかないとしても、クーロンの法則とニュートンの運動方程式に従う限り、塩化ナトリウムの結晶のように、塩素とナトリウムの原子が一定の間隔で規則正しく並ぶことなど、〝絶対に〟あり得ない。100人のやんちゃな幼稚園児を、言葉の指示だけでペンタグラムの形に整列させるより、遥かに難しい。水の分子が一定の角度で折れ曲がったり、クロロフィルが光を吸収して決まった構造変化を起こしたりすることも、不可能である。

それでは、あたかも精密機械のごとく機能する原子核と電子のシステムについての理論を作るためには、クーロンの法則やニュートン力学のどの部分を変更すればよいのだろう。クーロン力の公式か、小さな粒子というところか、それとも、ニュートンの運動方程式か。

シュレディンガーは、〝最も簡単なケース〟である水素原子に関して、従来とは異なる新しい考え方を提唱した。彼の業績を理解しやすいように、それまでの理論では何が説明できなかったかを、列挙しておこう。

1．水素原子には、安定な状態がある。
2．この状態の電子は、原子核よりも遥かに大きな領域に広がっている。
3．水素原子のエネルギーは、整数で指定される離散的な値に制限される。
4．安定状態は、すべての水素原子で共通する普遍性を持つ。

最大の謎は、広がりを持つ安定状態が存在することである。電子がニュートン力学に従う粒子ならば、こうした安定状態が存在するとは考えにくい。

安定状態の存在と密接に関係するのが、水素原子のエネルギーが整数で指定される離散的な値に制限されることである。この値は普遍的であり、惑星が持つエネルギーのように安定状態に至るまでの具体的な過程に依存するのではなく、物理法則によって決定される。

それでは、物理法則によって広がった安定状態が実現され、そのエネルギーが整数で指定されるのは、どんな場合なのだろうか？

シュレディンガーの解答

シュレディンガーは、固有振動となる定在波が電子によって形成されるとき、こうした謎めいた性質がすべて実現されることに気がついた。定在波の波形は、波を生じさせる具体的な過程には依存せず、同じシステムならば常に同じ形の波が生じる。固有振動は安定しているので、長期間にわたって維持される。波なので、どこかに局限されず広がりを持つ。そして何よりも、定在波は、整数によって分類することが可能である。

原子の謎を一気に解決する糸口を見出したと直観したシュレディンガーは、定在波のアイデアを使って原子の状態を記述する理論の構築を目指した。理論構築のためには、電子の実体、クーロンの法則、ニュートンの運動方程式など、すべてを変更する必要がある。

まず、電子が粒子ではなく波だと考えた（原子核については、議論の対象にしていない）。さらに、ニュートンの運動方程式の代わりに、波の変動を表す波動方程式——後にシュレディンガー方程式と呼び習わされるもの——を提案した。この方程式は、19世紀に研究されたさまざまな波の方程式と部分的に似ており、係数には、光速やプランク定数（量子効果の大きさを決定する物理定数）、電子の電荷など普遍的な物理定数だけが含まれる。また、距離の逆2乗に比例する大きさで粒子に作用するクーロン力ではなく、潜在的なエネルギーとしてあらゆる場所に存在するクーロンポテンシャルの項が含まれる。

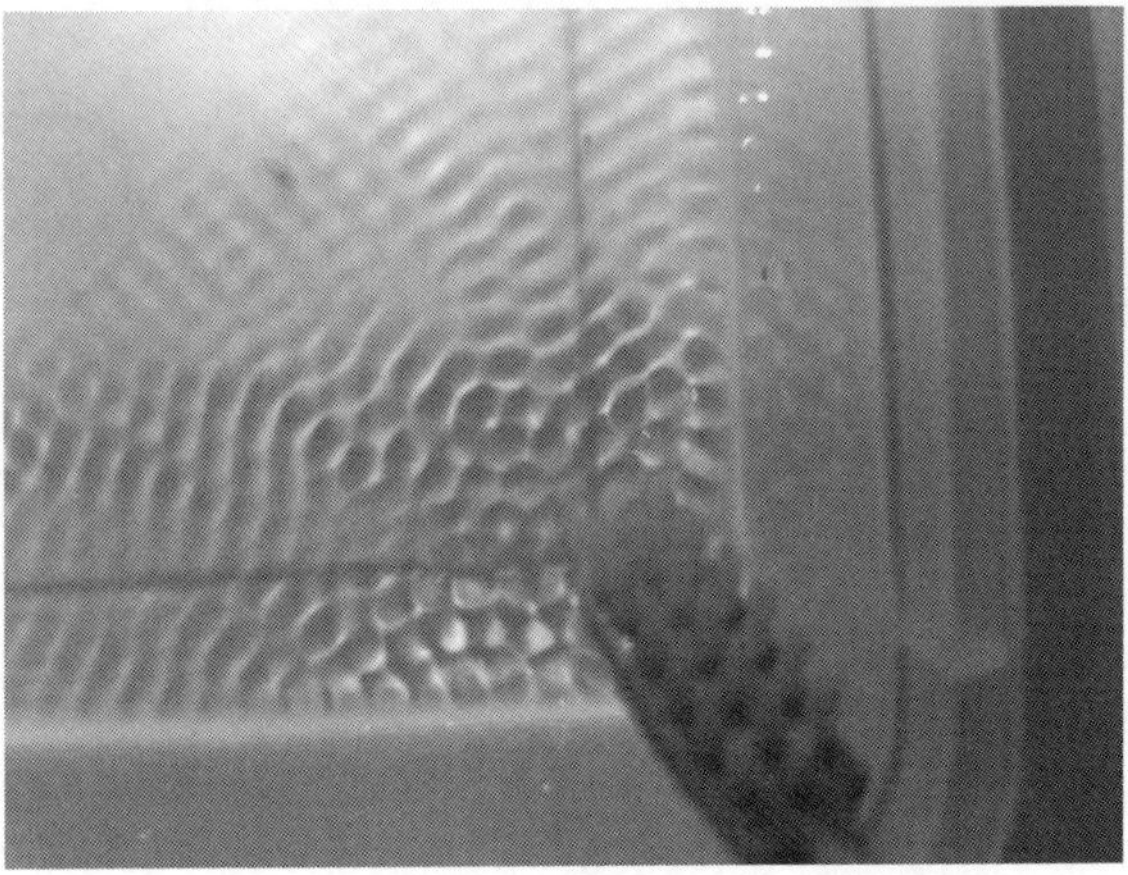

図2-1　閉じ込められた水の定在波

閉じ込められた波は形を生み出す

シュレディンガーが電子を波と見なすに至ったのは、「閉じ込められた波は、共鳴パターンとなる形を生み出す」という性質を熟知していたからだろう。

図2－1は、プラスチック容器の縁に電動歯ブラシを押しつけ、容器内部の水面が波立ったところを写したものである（著者撮影）。水面は、さまざまな振動数で振動できるので、電動歯ブラシの振動を伝えることにより、同じ振動数の波が生じる。これは、外部から強制的に加えた振動に水が共鳴（共振）したことを意味する。波の波長は、加えられた振動数と共鳴できるものに限定される。

水を閉じ込める境界がなければ、振動は周囲に伝わる波となって広がっていく。このときの波は、どこかに進んでいく波なので、進行波と呼ばれる。

ところが、容器壁に遮られて特定の領域に閉じ込められると、波は進行波とは異なった姿を現す。境界で反射した波が入射波と干渉するからだ。

入射波と反射波の干渉がいかなる結果を生むか、最も簡単な例を用いて説明しよう。

容器壁がちょうど鏡面のような働きをして、壁面がなければそのまま進んだのと同じ波形が、壁面のところで折り返された形で反射波になると仮定する。このとき、入射波と反射波が重なって、波の高さがちょうど2つの波を足し合わせた値になるとすると、両者が干渉してできる合成波は、図2－2のようになる。振幅が同じで逆向きの波が重なったせいで、合成波は右にも左にも進むことなく、同じ場所で上下動を繰り返すだけになる。これが、どこにも進まない定在波である。

実際の反射では、完全な鏡面での反射のようにはならない。進行方向がずれた無数の波が行き交うため、初期の段階では水面は複雑に変動する。

しかし、時間が経つにつれて、大半の波が干渉によって打ち消されていく。バスタブの水をバシャバシャとかき乱したとき、しばらくはさまざまな波が行きつ戻りつして複雑な様相を呈するが、しばらくすると、バスタブの水全体がゆったりと動くようになる（図2－3）。このときの動きは、特定の波長を保ったまま水面が上がったり下がったりするので、バスタブに生

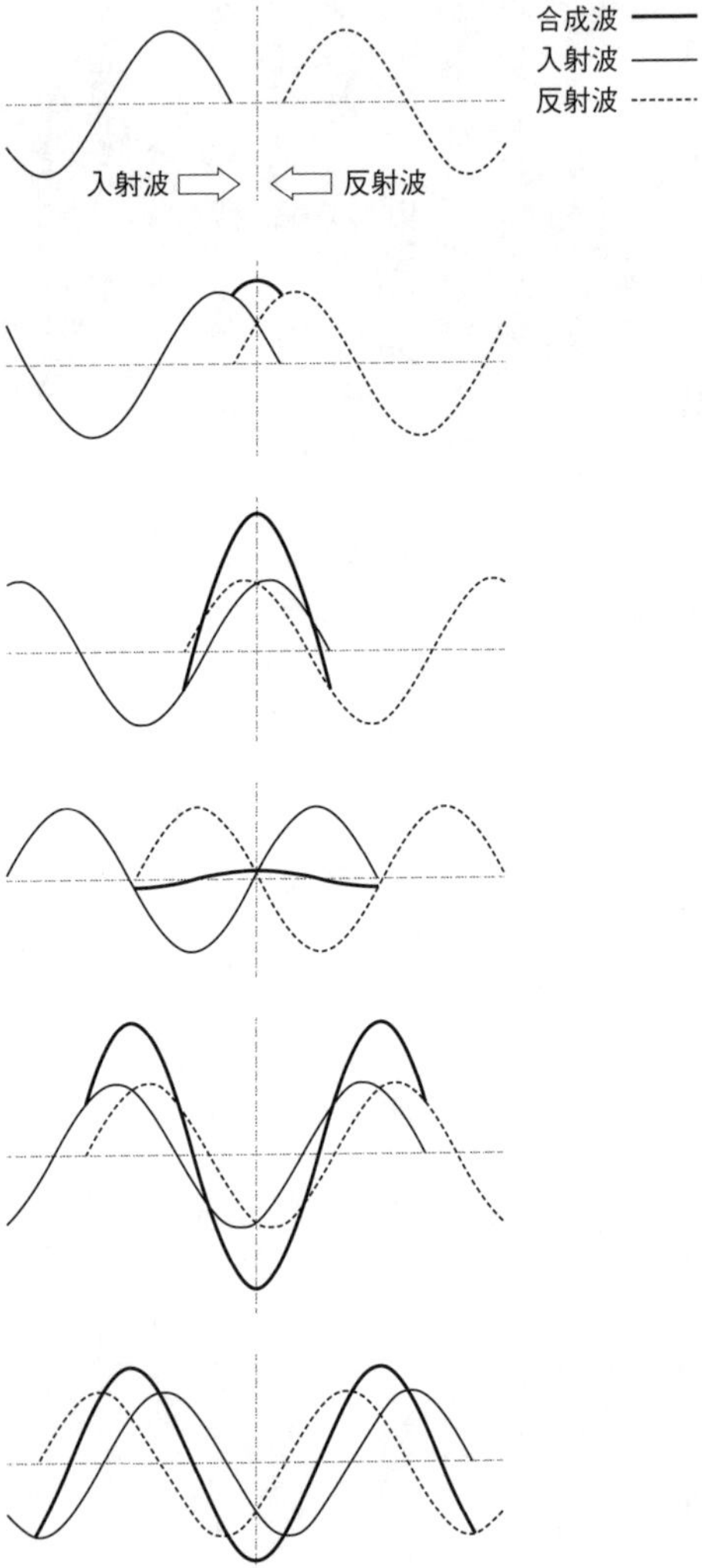

図2-2　入射波・反射波・合成波

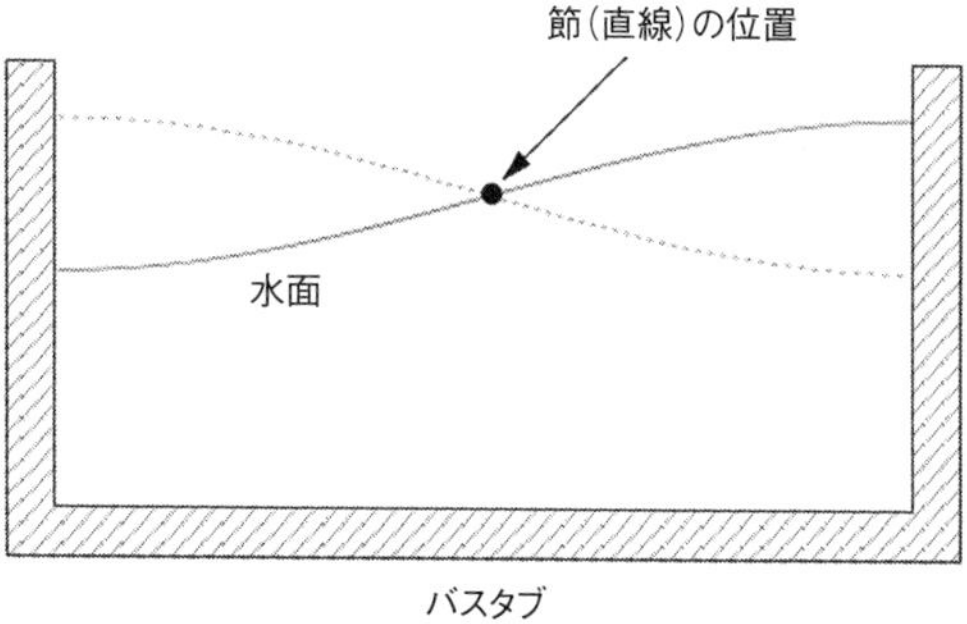

図2-3　バスタブの定在波

じた定在波と言える。

バスタブのように波を閉じ込める領域が狭いと、水全体がゆっくりと動くので、あまり波のように見えないかもしれない。しかし、波長に比べて容器が充分に大きければ、水面に模様を描くように波が立っているのに、どこにも進んでいかないという現象が見られる。図2－1では、容器壁が縦横2次元になるため、定在波がマス目のような模様を描いている。歯ブラシを当てる位置を一定に保つのが難しいので、模様は時間とともに変動するが、変動のスピードは、波が伝わる速度よりもずっと遅い。

幾何学的な模様を描く定在波は、特定の領域に波を閉じ込めたときに一般的に見られる現象である。波が閉じ込められた領域では、反対方向に進もうとする波が互いに打ち消し合って、どこにも進んでいかない定在波だけが生き残るからである。こうした定在波の波形は、境界の形や媒質の物理的性質によって決まるものであり、風紋のように「生じるたびに全く異なる模様が現れる」ということはない。

弦の振動で考える

具体的にイメージしやすい定在波の例が、両端を固定した弦をはじいたときに生じる波である。

弦をはじいた直後の状態を高速度カメラで撮影すると、弦が複雑に振動する様が映し出される。しかし、固定された端で反射された波が干渉を起こすため、安定な定在波を形作る特定の波以外は互いに打ち消し合う。最終的に生き残る定在波は、長期にわたってその弦に固有の振動を続けるため、固有振動と呼ばれる。弦楽器などの弦では、固定端からエネルギーが周囲に散逸するため、次第に振幅（振動の中心から最大変位までの距離）が小さくなるが、孤立した原子内部の波のようにエネルギーの流出がない場合は、同じ振動がいつまでも維持される。

長く維持される定在波は、外部からの振動に共鳴（共振）して生じることがある。弦楽器の音は、振動が長く維持される定在波によって生み出されるが、多くの弦を持つ楽器は、しばしば弦同士が共鳴し合う。インドの弦楽器シタールでは、演奏弦の他に共鳴弦が張られており、

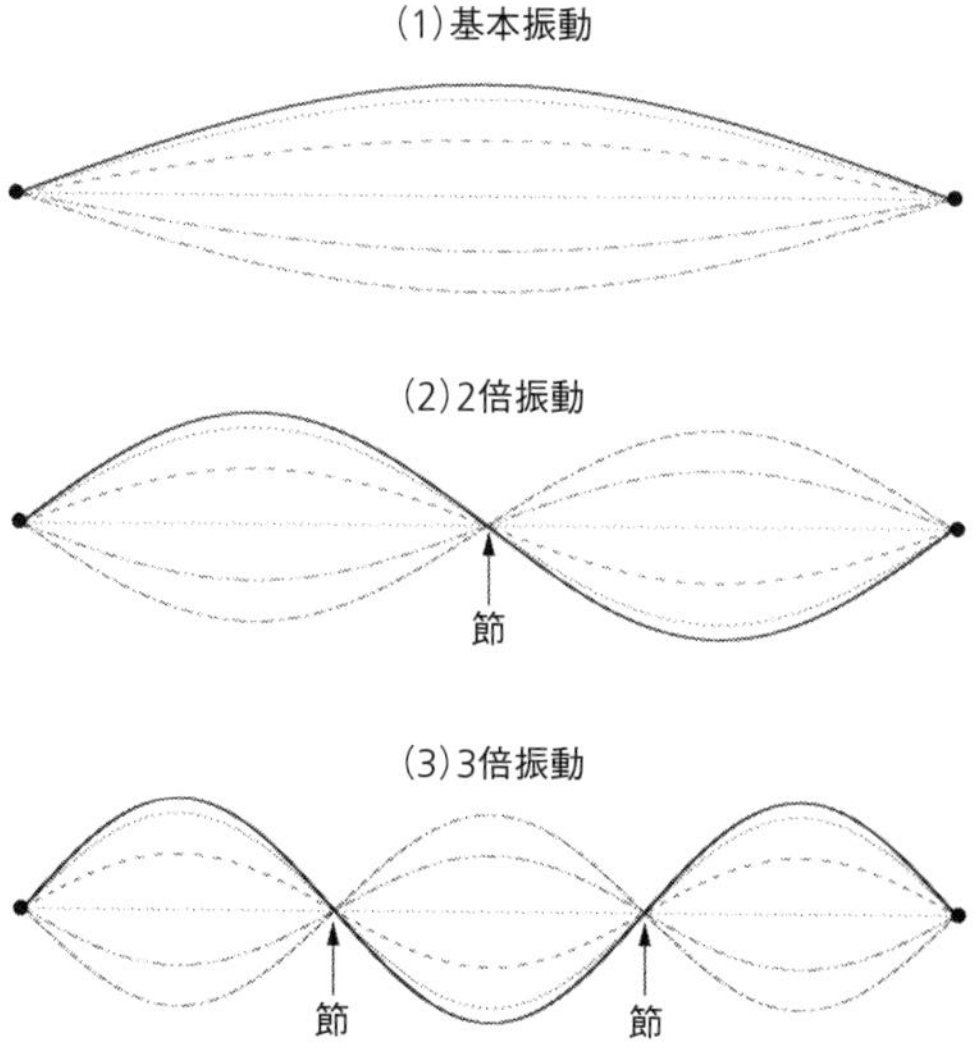

図2-4　弦の振動

バチで演奏弦をはじくと、直接はじいていない共鳴弦も振動し、独特の響きを生み出す。原子の場合は、さまざまな振動数を含む光が照射された場合、そのうちの特定の成分によって共鳴が起き、高いエネルギー状態に遷移する。

このように、定在波は共鳴現象と深く結びついており、その波形は、共鳴パターンと呼ぶことができる。

弦をはじいたときの最も基本的な定在波は、中央が最大の振幅で振動し、そこから端に向かうにつれて振幅が滑らかに減少する振動である。このタイプの振動は基本振動と呼ばれる（図2－4(1)）。

基本振動以外の定在波には、全く振

動しない部分が現れる。この部分が振動の「節《ふし》」である。弦の振動で中心部分が唯一の節となるケースは、波長が基本振動の半分、振動数が2倍になる振動で、2倍振動と呼ばれる。同じように、3倍振動、4倍振動が存在する。

節の数が増えるほど、波長が短く振動数が大きくなる（図2－4(2)と(3)）。

弦の振動以外でも、共鳴パターンに節が現れる。水平方向の断面が長方形となるバスタブの場合、基本振動の節は、上から見ると中央部で長方形の1辺に平行になる（図2－3）。

コップやオイルタンクのような円筒形の容器に入れた水を振動させると、バスタブのケースと同様に当初はさまざまな波が水面を行き交うが、これらの大多数は干渉して打ち消し合い、生き残るのは限られた共鳴パターンだけである。最も単純な共鳴パターンは、水の半分が盛り上がり残りの半分が下がるようなもので、このとき、振動しない節は、水面が静止しているときの円の直径になる（横から見ると、図2－3と同じような波形が観察される）。直径は無数に存在するが、どの直径が節になるかは、初期状態のわずかな違いに左右されるため、簡単には予測できない。しかし、節の向きが異なるだけなので、振動パターンとしては、「節が1本」という同じタイプの定在波に分類される。

周囲が円形の枠に固定された太鼓を叩いたとき、皮の基本振動は、中央が上がったり下がったりし、周辺になるにつれて振幅が減少する定在波である。しかし、これより複雑な共鳴パターンも可能である。コップの中の水のように、円の直径方向に節ができる振動や、節が円形になり、その内側と外側で変位が逆向きになる振動も生じる。

このように、定在波となる共鳴パターンは、節の数や形（直線か円形か）を使って分類できる。

波を閉じ込める力の正体

シュレディンガーが採用した前提によると、電子は粒子ではなく広がった波そのものであり、どのような波形になるかは、波動方程式（シュレディンガー方程式）の解として与えられる。

水素原子核（陽子）は電子を引き寄せる作用を及ぼすが、距離の逆2乗に比例するクーロン力は、電子が粒子であることを前提とするので、波の状態を調べるためには使えない。シュレディンガーは、その代わりに、波動方程式にクーロンポテンシャルの項を加えることで、波としての電子の振る舞いに制限を課した。

ポテンシャルとは何かを理解するには、気圧をイメージするとわかりやすい。気体に満たされた領域では、あらゆる地点で気圧が定義できる。気圧に違いがあると、物体を気圧の高い領域から低い領域へと移動させるような力が加わる。これと同じように、ポテンシャルは空間のあらゆる地点で定義されており、ポテンシャルの差によって物体を移動させる力が生じる。実験で観測されるクーロン力は、離れた電荷から空間を飛び越えて遠隔力が作用するのではなく、周囲のポテンシャルによってもたらされる近接力なのである。

クーロンポテンシャルは、電荷によって生み出される。孤立した点状の電荷が生み出すポテンシャルは、距離に反比例して減少する関数形となり、係数として電荷の値が加わる。水素原子核が持つ電荷はどの水素原子でも同じなので、クーロンポテンシャルは、すべての水素原子で共通の関数となる。これが、水素原子のエネルギーが普遍的な値になる理由である。

クーロンポテンシャルは、電子の波を原子核の近傍《きんぼう》に引き寄せる作用を及ぼす。この結果、電子の波は原子核から離れるにつれて急速に減衰することになり、実質的に、原子核の周辺に波が束縛される。バスタブの壁や弦の固定端のような明確な境界はないものの、クーロンポテンシャルの作用で、電子の波は原子に閉じ込められている。

閉じ込められた電子の波は、行きつ戻りつしながら干渉し合う。こうして、進行波は次第に消えていき、共鳴パターンを描く定在波だけが生き残る。シュレディンガーは、そうした定在波の振幅がどうなるかを、波動方程式を解くことによって求めたのである。

水素原子で何が起きているのか

このときの定在波が示す共鳴パターンは、節の数と形を使って分類される。ここでは、原子

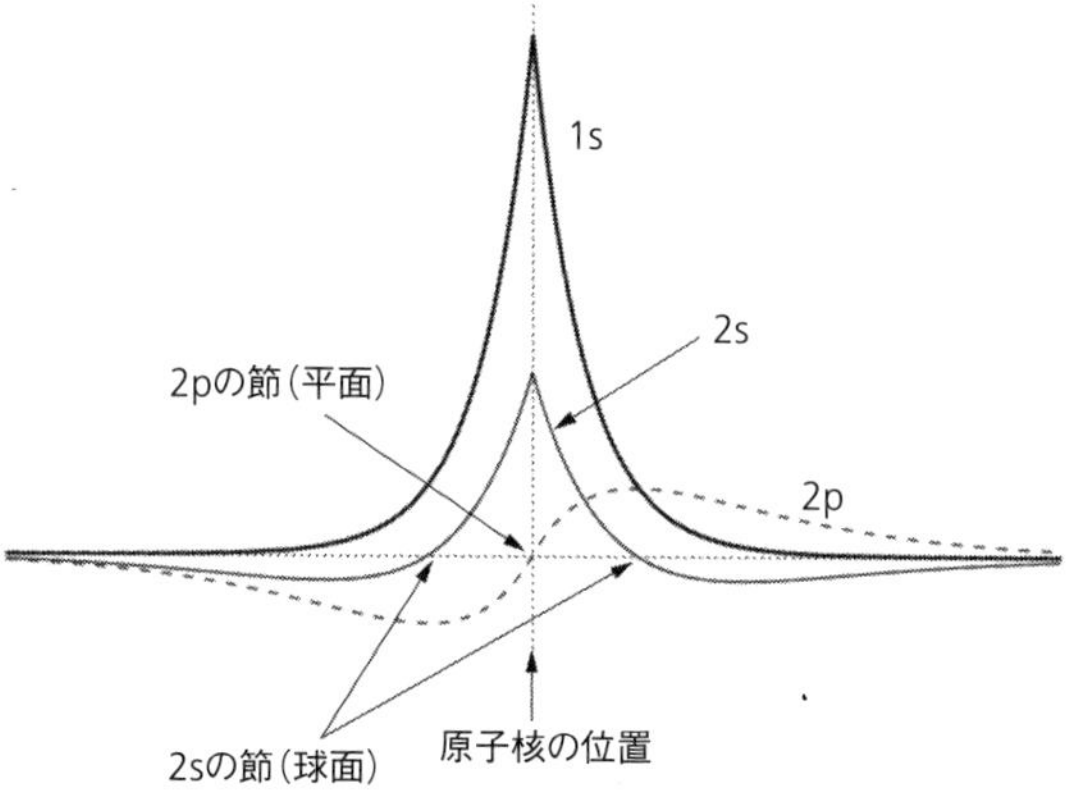

図2-5　水素原子の波形

核を通る直線上での定在波の波形を図示しておく（図2－5）。この図は、最も大きく振動したときの波形を表しており、波と横軸の交わる箇所が振動しない節に当たる。

シュレディンガーが求めた結果によると、最も基本的な振動のパターンは、節が存在せず、原子核が存在する中心で最も大きく振動する形となった。ただし、中心ではクーロンポテンシャルが無限大になるせいで、電子の波もなめらかではいられず、尖った関数になる。中心から遠ざかると、電子波の振幅は減少する。

中心部分が大きく振動し、遠ざかるにつれて振幅は減少するものの、全く振動しない節は現れない――この振動パターンは、両端が固定された弦の基本振動（51ページの図2－4⑴）とよく似ている。こうした波形は、原子核から見てどの方向にも当てはまるので、電子の分布によって決まる水素原子の形は、球形になる。物理学的な表記では、この状態は1sという記号で表される。

基本振動は、エネルギーが最低になる状態である。シュレディンガー方程式を使うと、波のエネルギーを求めることも可能である。基本振動のエネルギーは物理定数を使って表されるが、ここでは、これまで通り$-E$と書いておこう。

基本振動以外の解も、波動方程式から求められた。基本振動よりも一段階エネルギーが高い定在波には、節が1つ存在する。ただし、コップやバスタブの中の水面が2次元的なのに対して、水素原子は3次元的に広がっているため、節の形は、円や直線ではなく、球面や平面になる。球面の節が1つ存在する状態には2s、平面の節が1つ存在する状態には2pという記号が与えられる（球面の中心は原子核の位置になる。平面は、原子核を通る面ならどの向きでも許されるため、2p状態は、節となる平面の向きに応じて3種類存在する）。2sや2p状態のエネルギーを波動方程式に基づいて計算すると、基本振動のエネルギー$-E$の4分の1となった。

さらにエネルギーの大きい状態として、3s、3pなどがある。これらのエネルギーは、$-E$の9分の1と求められる。波動方程式の解は無限に存在しており、4s、5s、……などと表される状態もあるが、エネルギーは順に$-E/16$、$-E/25$、……である。つまり、水素原子のエネルギーは、基本振動のエネルギーを、整数の2乗で割った値となる。この結果は、実験データとピタリと一致した。

両端が固定された弦の振動（51ページの図2－4⑵⑶）と比較すると、2pは2倍振動、2sは3倍振動と波形が似ており、定在波が持つ共通の性質を見て取ることができる。

ただし、いくつかの重要な相違もある。水素原子における定在波では、原子核の位置で波形がなめらかな関数にならないこと、節の形が球面や平面のような2次元的な広がりを持つことは、すでに指摘したが、もう1つの大きな相違点は、定在波の大きさを決定するのが、物理定数だという点である。

固定端の弦の場合、定在波の波長を決定するのは、端の間隔という〝外から与えられた〟量である。ところが、水素原子には、こうした外枠は存在しない。電子の波がどこまで広がるかを決定するのは、クーロンポテンシャルの関数形であり、中でも、そこに含まれる物理定数が重要な役割を果たす。

シュレディンガーの波動方程式には、電子の質量と電荷、プランク定数、光速などの物理定数が含まれており、これらを組み合わせると、ボーア半径と呼ばれる長さの次元を持つ量が得られる。ボーア半径は0・053ナノメートルであり、波動方程式を解くと、電子波がどのような波形になるかが、ボーア半径を長さの基準として求められる。最低エネルギー状態（1

s）の水素原子における原子核と電子の平均距離は、ボーア半径の1・5倍と計算されるので、0・08ナノメートルという値が得られる。

波を閉じ込める明確な境界がないにもかかわらず、すべての水素原子の大きさが同一になるのは、このように、ボーア半径を基準とする同じ形の定在波が生じるからである。

量子効果の本質に迫る

水素原子が定まった大きさと形を持ち、エネルギーが整数で指定される特定の値になるのは、水素原子核（陽子）の周囲に水素の定在波が形成されるからだと考えると、わかりやすい。

ここで重要なのは、クーロンポテンシャル項を含む波動方程式によって、定在波の波形が普遍的に定まることである。恒星の周りを回る惑星の場合、どの惑星系もニュートンの法則に従っているにもかかわらず、公転半径は物質の凝集の仕方に左右され、特定の値に限定されることはない。ところが、水素原子の場合は、クーロンポテンシャルが波の動きに一定の作用を及ぼすので、どの水素原子でも同じ定在波が形成される。このため、水素原子のエネルギーは、地球上でもアンドロメダ銀河でも、同じ値になる。

水素原子だけではない。金の結晶を撮影した顕微鏡写真（走査型プローブ顕微鏡などを用いたもの）を見ると、球形をした金原子が規則正しく並んでいる姿が映し出される。このタイプの顕微鏡は、原子が及ぼす電気的な作用を測定し、そのデータを計算によって画像に変換するものなので、写真の像が金原子の形そのものとは言えないが、電子が一定の広がりを持つ球状の分布になることは確かである。

どの原子も同じ大きさ、同じ形であることは、よく考えると実に不思議である。「同じ物理法則に従うから」と割り切ることはできない。同じニュートン力学の法則に従って形成されたにもかかわらず、例えばペガスス座51番星の惑星bは、公転半径も質量も太陽系のものと大幅に異なっている。すべての原子が同じ性質を持つのは、単に同じ物理法則に従うからではなく、その法則によって実現されるシステムの物理的性質が同一だからである。このことは、同じ共鳴パターンとなる定在波が形成されたと考えて、初めて説明できる。

量子論と言うと、「不確定性原理」だの「観測問題」だの、何かとてつもなく難解なものだと思う人もいるだろう。しかし、これらは、どちらかというと枝葉の問題である。量子論の本質は、あらゆる物理現象の根底に波動が存在することにある。量子効果とは、根底に存在する波動の特性が表面化することだと言ってよい。

原子から分子へ

定在波は、風紋のように刻々と変化するのではなく、同じ共鳴パターンを維持する安定な状

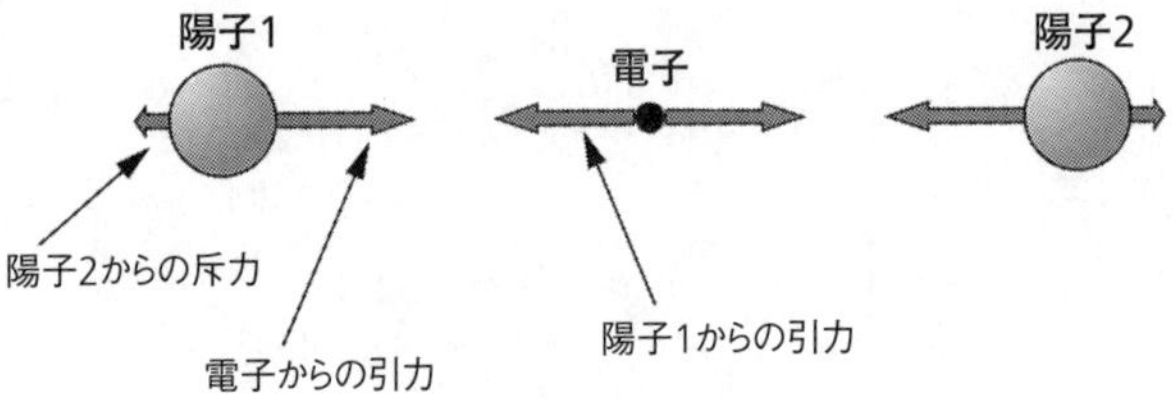

図2-6　水素分子イオン

態である。しかし、1つのパターンを頑強に保つのではなく、状況に応じて変化することもできる。

例えば、水素原子は孤立した状態では安定だが、2個の水素原子が接近すると、化学反応を起こして水素分子を形成することがある。この過程は、共鳴条件の変化として捉えることができる。

話を簡単にするため、まず2個の陽子と1個の電子から構成された水素分子イオン（水素分子より電子が1個少ない）を取り上げる。陽子は正電荷を持つので、陽子同士はクーロン力で反発し合う。2個の陽子だけならば、決して1つのシステムにまとまることはない。

ところが、陽子の間に電子が入り込むと、状況が変わる。2個の陽子の中間地点に電子が存在するケースで、クーロン力を使って考えることにしよう。クーロン力は、距離の2乗に逆比例する。したがって、一方の陽子が他方の陽子から受ける斥力《せきりょく》は、半分の距離にある電子からの引力の4

分の1でしかない。力の合計を考えれば、2個の陽子は電子の存在する中間地点に引き寄せられることになる（図2－6）。

ただし、ニュートン力学によると、このシステムは安定ではない。電子の位置がどちらかの陽子にわずかでも接近すると、そのまま電子と陽子がくっついてしまい、残りの陽子を引き留めることができなくなる。

2個の陽子、1個の電子から構成されたシステムが安定になるには、電子がニュートン力学に従う粒子ではなく、定在波を形成する必要がある。この定在波を記述するシュレディンガーの波動方程式には、陽子間の距離に依存するクーロンポテンシャルの項が現れる。陽子間距離が変わり得るという条件の下で計算すると、安定な定在波が形成されるのは、陽子間の距離が0・106ナノメートルのときだと求められる。

水素分子イオンの大きさも、水素原子と同じように、どんな定在波が形成されるかによって決まるのである。

水素分子イオンにおいて、2個の陽子に挟まれた位置にある電子は、どちらか一方の陽子に束縛されるのではなく、言わば2個の陽子に共有された状態にある。このように共有された電子によって原子核（あるいはイオン）が結合されることを、共有結合という。もっとも、1個の電子だけでは不完全な共有結合であり、完全な結合状態を実現するには、2個の電子（電子対）が必要である。電子対による共有結合はきわめて強固で、簡単には壊れない。

孤立した水素原子の場合、電子が球状に分布する状態（１ｓ）が安定な最低エネルギー状態である。ところが、２つの水素原子を接近させると、共鳴条件が変わって、よりエネルギーの低い定在波が可能になる。これが、電子が２つとも２個の陽子に共有された完全な共有結合の状態である。電子はエネルギーが低い状態に移ろうとする性質があり、孤立した水素原子の最低エネルギー状態よりも分子ならさらに低いエネルギー状態となるため、外部から作用を加えなくても反応が自然に進行し、水素分子が形成される。

物理学で化学を説明する

分子や結晶の結合には、共有結合以外のものもある。例えば、金属結晶の場合は、原子核に束縛されずに隙間を自由に動き回る電子が存在する。金属結晶が、共有結合だけでかっちりと組み上がったダイヤモンド結晶よりも変形しやすいのは、そのせいである。キラキラした金属光沢は、自由に動く電子が生み出す。塩化ナトリウムの結晶は、電子が塩素原子の側に偏った状態で束縛されており、共有結合ではなくイオン結合と呼ばれるタイプである。原子間の結合力は弱く、水に入れると塩素とナトリウムがイオンとなって溶け出す。

分子や結晶の形は、原子核の配置に応じてどんな共鳴パターンが可能かによって決定される。

酸素原子1個、水素原子2個から構成される水分子の場合、酸素とそれぞれの水素の間で2個の電子が共有され、2組の共有結合が実現される。それに加えて、さらに2個の水素の間隔を変えるような作用も働くため、水分子は、くの字形に折れ曲がる。

タンパク質のような巨大分子になると、原子核の配置が少し変わるだけで、さまざまな共鳴パターンが現れる。このため、外部との間でエネルギーのやりとりをしながら、分子の立体構造が変化することもある。タンパク質分子はアミノ酸が長くつながった鎖状をしているが、水に入れると、水分子がぶつかってエネルギー状態を変えるため、それに応じて、鎖は複雑に折りたたまれる。ただし、デタラメに折りたたまれるのではなく、常に定在波を実現するような定型的な変化に制限される。この定型的な変化が段階的に生じることでタンパク質分子は精密機械のように機能し、生命活動を可能にする。

分子や結晶の内部でどのような共鳴パターンが実現されるかは、原理的には、シュレディンガーの波動方程式を解くことで求められる。もっとも、実際の計算はきわめて難しく、何らかの近似をしなければ解を求めることはできない。

古典的な原子論では、化学反応の際に原子同士の結合がどのようにして変化するか、全く説明がつかなかった。しかし、電子が定在波を形成すると考えるならば、原子核の位置が移動したことで共鳴条件が変化するものとして、化学反応を理解することができる。

「電子は波」というアイデア

電子が波であるというアイデアを展開したシュレディンガーの一連の論文は、１９２６年から発表されたが、そのとき足がかりとしたのが、ルイ・ド・ブロイによる物質波の理論である。

水素原子の持つエネルギーが整数によって指定される離散的な値になることは、20世紀初頭からわかっていた。それでは、こうしたエネルギーの制限が生じるのはなぜなのか？　ド・ブロイは、その理由として、電子が波としての性質を持つからだと考えた。その波が定在波だという考えには至らなかったものの、このアイデアに基づいて、彼は運動量と波長の関係を導いた。

１９２４年、ド・ブロイは、電子が波として振る舞うことを論じた博士論文を大学に提出する。常識外れの内容に困惑した教授陣が、学位に値するかアルベルト・アインシュタインに意見を求めたところ、彼が論文の内容を高く評価したことで、歴史の歯車が回り出す。アインシュタインは、理想気体の統計的な揺らぎに関する１９２５年の論文で、ド・ブロイの研究を引用した。

電子は、電気的現象の主たる担い手である。電気が物質内部を流れるように移動することは、18世紀後半から判明していたが、その実体が何であるかは謎だった。19世紀末になって、ようやく陰極線の実験を基に、電子の正体が明らかになる。

陰極線とは、真空管に強い電圧を加えたとき、陰極の側から放出されるエネルギー流を指す。陰極線の正体を明らかにするために、電場や磁場を加えて陰極線の進み方がどのように変化するかを調べたところ、一定の質量と負の電荷を持つ粒子がニュートンの運動方程式に従って運動する場合と同じ動きをすることがわかった。陰極線の進み方が、ニュートン力学に従う荷電粒子の運動と同じになるのだから、陰極線とは多数の粒子が集まって移動するビームだと推測される。とすると、陰極線は、電流の担い手である粒子が外部に飛び出したものと解釈するのが自然である。この粒子が、電子と命名されたのである。

ところが、ド・ブロイの主張は、電子の実体として、粒子とは全く異質の存在である波を想定するものだった。これが、物質的なものが実は波であるという「物質波」のアイデアの始まりである。

もっとも、ド・ブロイ自身、粒子か波動かという二者択一の決断が下せなかったようで、「電子の内部に振動がある」とか「電子に波が付随する」といった、奥歯にものの挟まったような表現を用いた。そのせいもあり、彼の理論は曖昧で説得力に乏しかった。

シュレディンガーは、ド・ブロイの曖昧な主張を体系的な理論へと発展させた。アインシュタインの論文に引用されたド・ブロイの研究に興味を持った彼は、出版された博士論文を深く読み込み、そこに、物理学者を悩ませていた問題を解く鍵を見出したのである。原子内部で電子が持つエネルギーが、なぜ特定の値に制限されるのか？　その理由は、「物質波が定在波を形成するからだ」という発想である。

シュレディンガーがどのようにして波動方程式を導いたか、完全にはわかっていない。残された研究ノートは、波動方程式を導く肝心な部分が欠落している。推測するに、波動の共鳴状態を扱う式として有名なヘルムホルツ方程式を基に、ド・ブロイが示した運動量と波長の関係を再現するという条件を課すことで、電子の波が従う波動方程式（シュレディンガー方程式）を見出したのだろう。

ド・ブロイの議論では、電子の実体が粒子なのか波動なのか、あるいは、そのいずれでもないのか、判然としない。彼は、運動量と波長の関係は導いたものの、そこから実験データと比較できる帰結をほとんど引き出せなかった。

これに対して、シュレディンガーは、電子が持つエネルギーを計算するツールを提供し、さまざまな分野への応用を可能にした。実際、彼が考案したシュレディンガー方程式は、発表されてから１００年近く経つ今なお、ミクロの世界で何が起きるかを解明する上で、最も有力な計算手段であり続ける。シュレディンガーによって20世紀の物理学が飛躍的な進歩を遂げたことは、疑い得ない。

シュレディンガーの勇み足

シュレディンガーは、自身が導いた波動方程式を用いて、水素原子における電子のエネルギーを計算し、実験データと一致する関係を理論的に導いた。この成果を根拠として、彼は、「電子は波である」という斬新な「波動力学」を提唱するに至る。電子という粒子は存在せず、波が粒子のように振る舞っていただけだという。

しかし、その一方で、彼は大きなミスを犯した。シュレディンガー方程式に使われる波動関数が、電子そのものだと解釈したのである。

波動関数は、原子内部では定在波の形をとり、特定のエネルギー状態を表す。原子の中で電子がどのような姿をしているのか（当時も今も）観測する方法はないので、「電子イコール定在波」と考えても観測事実との間に矛盾はない。

だが、原子の外側に飛び出した電子となると、シュレディンガーの主張には無理がある。陰極線の実験結果を信じるならば、真空中を飛び回る電子は、紛れもなく粒子であるように見える。

シュレディンガー方程式に従う波は、原子の外に出ると粒子としてのまとまりを維持することができず、時間が経過するとともに広がってしまう。原子の外では電子の波は閉じ込められておらず、定在波を形成しないからである。

シュレディンガーは、原子の外でも波が狭い範囲に集中する孤立波になると主張したが、そうなるには特殊なポテンシャルの存在を仮定する必要があり、現実的ではない。閉じ込められていない波が周囲に広がり波形が崩れるのは、物理的な必然と言ってよい。

シュレディンガー流の波動力学と観測事実を両立させるためには、電子は、原子の外側では力学法則に従う粒子のようだが、ひとたび束縛されると、まるで粒子が溶けたかのように波として振る舞うと考えざるを得ない。それはあまりに奇妙なことに思われた。

こうした欠点は、当時、波動力学とは全く異質な量子論である行列力学を展開していたヴェルナー・ハイゼンベルクらによって厳しく指弾された。結局、シュレディンガーは「電子は波だ」という主張を撤回し、自身が考案した波動関数は、電子の確率的な振る舞いを表すと考えるようになる。

第3章「わかりやすい量子論」とは

「電子は粒子ではなく波だ」というシュレディンガーの解釈は、陰極線などの実験で電子が粒子として振る舞う理由を説明できなかった。しかし、原子の外に出た電子が常にニュートン力学に従う粒子と見なせるかと言うと、必ずしもそうではない。原子の外でも、ニュートン力学

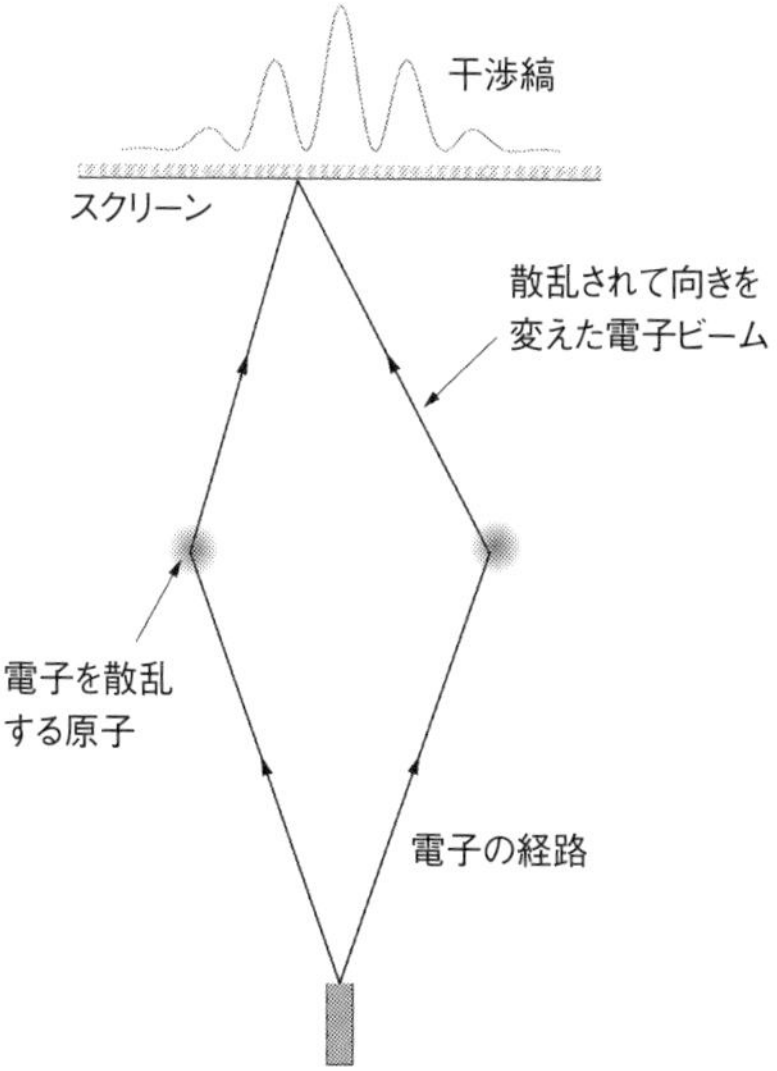

図3-1　二重スリット実験

に従わないケースがいろいろと見つかったのである。具体的には、電子線回折と呼ばれる現象がある。この現象は、シュレディンガーの第1論文が発表された翌年の1927年に発見された。ここでは、電子線回折を単純化したケースとして、二重スリットの実験を紹介しよう（図3－1）。

　二重スリットの実験とは、電子ビームを2つのスリットを通してスクリーンに照射したとき、明暗の干渉縞《かんしようじま》ができるというもの。スリットと言ったが、実際には、イオントラップ法（イオンを真空中に静止させる実験技術）などによって静止させた2個の原子によって電子ビームを散乱させるのが一般的である。19世紀の初頭、まだ光が波かどうか疑う人も少なくなかった時代に、ヤングが二重スリットを通した光が干渉縞を形成することを示して、波であることを決定づけた。干渉縞は、2つに分かれた波が合流した際に干渉して生じるものなので、波であることの証拠となる。それと同じように、電子ビームも干渉する以上、波と考えるのが自然である。

シュレディンガーによる波動力学は、原子内部で電子のエネルギーが離散的になる理由を説明できた。原子から飛び出した電子は、陰極線の実験によると、近似的にニュートン力学に従う粒子として振る舞う。しかし、二重スリットの実験のように、原子の外でも電子が波動として振る舞うケースがある。

電子が示す粒子・波動の二面性をうまく折り合わせる都合のよい理論はないのか？　実は、そのような理論としてパスクアル・ヨルダンによって考案されたのが、場の量子論なのである。ごく簡単に言えば、電子は、「状況によって粒子のように振る舞うこともある波」なのである。

量子論のターゲットは「粒子」から「場」へ

「電子は波だ」というシュレディンガーの明快なアイデアが使えないとなると、「電子は粒子のようでもあり波動のようでもある」という直観的に理解しがたい立場を採用せざるを得ない。ハイゼンベルクらは、そうした不可解な前提に基づく理論を体系化し、現在の量子論の礎とした。この体系は、ハイゼンベルクらが「行列」という数学的なツールを使っていたことから、当初「行列力学」と呼ばれたが、後に「量子力学」と呼称されるようになる。

ハイゼンベルクらが理論を体系化する際に採用した手法は、「まず電子を粒子であるかのように扱い、その上で不確定性原理を課す」というものである。

ニュートン力学では、粒子が運動するときの位置と運動量（速度と質量の積）が定義される。量子力学の場合も、同じような形で電子の位置と運動量を定義するが、そこに、不確定性原理に基づく関係式を要請したのである。

不確定性原理とは、電子の位置と運動量の値が確定されず、その不確定さは、相反関係にあるという原理である。相反関係によって、位置がほぼ確定されれば運動量が大幅に不確定となり、逆に運動量がほぼ確定されると位置がほとんど不明になる。

値が確定しないのだから、量子力学における電子の位置と運動量は、単純な数ではなく、特別な性質を有するもの（専門用語で「演算子」と呼ばれる）になる。このように、不確定性原理に基づいて位置と運動量を定義し直すことが、理論の「量子化」である。

ニュートン力学を量子化すると、粒子だったはずの電子が、波とよく似た振る舞いを示すようになる。振る舞いが波と似ているので、定在波のアイデアを使ってシュレディンガーが求めた値と同じ水素原子のエネルギーが得られる。

このように、ハイゼンベルクらが定式化した量子力学は、「まず粒子の力学から出発し、その上で、位置や運動量などの力学的物理量を量子化する」という手法なので、「粒子の量子論」と呼んでしかるべき理論である。

ハイゼンベルクらによる議論の進め方は、具体的なイメージを提示せず数式の関係だけに頼っており、どうしようもなくわかりにくい。シュレディンガーが「電子は波だ」という自説を撤回したこともあって、粒子として扱いながら位置が確定せず、まるで波のように振る舞うという訳のわからない主張が、物理学の基礎と目されるようになった。そのわかりにくさは多くの学習者を悩ませ続け、こんにちに至っている（理論を構築した順番は、ハイゼンベルクらの方がシュレディンガーより先だった。この辺りの歴史に関しては、第II部で解説する）。

しかし、ハイゼンベルクと共同研究をしたこともあるヨルダンが、まず光に関して、次いで電子について、シュレディンガーの波動力学を蘇らせる新しい見方を提唱する。

電子を例に説明しよう。ヨルダンは、シュレディンガーと同じように、電子の波を物理的実在として想定した。ただし、シュレディンガーが、この実在を電子そのものだと考えたのに対して、ヨルダンは、ワンクッションを置いた。

電子の波を生み出すのは、空間内部にあまねく存在する「電子の場」だと仮定する。ここで、ある条件を課すと、電子の場がまるで粒子のように振る舞う波を生み出す――これが、ヨルダンが構想した理論である。

粒子から出発するのではなく、まず実体として存在する場を想定し、その上で場を量子化することで粒子的な性質を導き出すので、「場の量子論」なのである。

「場の量子論」とはどんな理論か

19世紀には、電場や磁場が、空間に満ちたエーテルという物質の状態を表すと考えられていた。ちょうど気体分子が移動し密度が変化することで音波が発生するように、エーテルの一部が位置を変えて内部にゆがみが生じることによって、電場・磁場の強度が変動し波となって伝わるという見方である。しかし、エーテルが空間内部で位置を変えられるのならば、地上の観測者からは、地球の公転に伴うエーテルの流れが観測されなければならない。この流れが見られないことから、こうした見解は否定された。電磁場は空間と一体化し、空間に対して移動することはないものと考えられるようになる。それでは、電磁場はどこに存在するのか？

ヨルダンは、電磁場（物理学的に正確なことを言えば、電磁場の基になる電磁ポテンシャル）が存在するのは、人間が縦・横・高さの3次元を持つものとして認識する現実の空間ではなく、理論的に導入された〝電磁場専用の〟空間内部と考えた。この電磁場専用空間は無数に存在しており、互いに結びついてネットワークを構成する。このネットワークの幾何学的な構造が、人間が現実に存在すると認識する——敢えて言えば、錯覚する——縦・横・高さを持つ３次元空間なのである。電磁場専用空間は、力学的な意味で〝狭い〟。

このため、専用空間内部で電磁場が振動すると、ちょうど波が有限領域に閉じ込められたときのように定在波が形成され、エネルギーが特定の値に制限される。電磁場の振動は、値が確定しないことによって生じる現象で、量子論的な揺らぎと言ってよい。しかし、粒子の量子論のように、「粒子であるにもかかわらず位置が確定しない」といった不可解な主張ではなく、「電磁場が専用空間内部の1点に収縮せず、いろいろな値に広がっている」と解釈することができる。

専用空間内部で生じる定在波は、３次元のネットワークを通じて相互に関係し合い、全体として３次元空間を伝わる波のように振る舞う。そのエネルギーは、定在波の特徴に従って特定の値に制限されるため、まるでエネルギーの塊が集まって移動するように観測される。

ヨルダンより20年以上も前に、アインシュタインは、光とはエネルギーの塊が集まったものと見なせることに気がつき、この塊をエネルギー量子とか光量子と呼んだ。「量子」という表現は、アインシュタインの用語法に起源を持つ。ヨルダンの議論は、アインシュタインのエネルギー量子が具体的に何かを明らかにするものである。

ヨルダンは、１９２６年から28年にかけて、共同研究者を変えながら、場の量子化に関する研究を深化させていった。特に、１９２７年にクラインと行った共同研究では、電子のような物質粒子も、場の振動によって形成されたエネルギー量子だと解釈できることを示した。

　ごく単純化して言えば、電子の波は、シュレディンガーが考えたように現実の3次元空間内部に広がるのではない。電磁場と同じく、まず、〝電子の場専用の〟狭い空間の中で定在波を形作る。この定在波は、狭い空間の内部で特定のエネルギーを持つ共鳴パターンを示す。この「特定のエネルギーを持つパターン」が、電子の場のエネルギー量子である。陰極線の実験で粒子のように振る舞ったのは、粒子としての実体を持つ電子ではなく、電子の場に定在波として生じたエネルギー量子である。

　ヨルダンとの共同研究を通じて、この理論に興味を持ったヴォルフガング・パウリは、１９２９年から30年にかけて、ハイゼンベルクとの連名で長大な論文「波動場の量子力学」を発表した。場の量子論の礎は、この論文によって築かれた。

電子に個性はない

　場の量子論によると、すべての物理現象の根底には、場の波動がある。

　それぞれの場には、言わば専用の空間があり、その内部に場の波が閉じ込められ定在波を形作る。周囲からの干渉がなく孤立した波の場合は、特定のエネルギーを持つ安定な共鳴パターンを形成する。この安定なパターンが、あたかも粒子であるかのように振る舞うことになる。

場の量子論を使うと「なぜすべての電子は質量が同じなのか」が理解可能になる。

原子に見られる同一性の起源は、第2章で説明した。原子番号や質量数が同じ原子は、どれもエネルギーや大きさが等しいが、その理由は、どの原子でも同一のパターンになる定在波が形成されるからである。原子のエネルギーや大きさは、この定在波によって決定される。

場の量子論では、この議論をそのまま電子に応用することができる。すべての電子は、同一の物理法則に従って電子の場が作り出す共鳴パターンなので、どれも同じエネルギーを持ち、同じ粒子のように振る舞う。相対性理論によると、ある領域の内部に閉じ込められたエネルギーは、外部から見た場合に質量として観測されるので、電子の質量はすべて同じになる。

量子力学を学び始めた学習者を混乱させるのが、電子は、いかなる方法を用いても互いに区別できないという性質である。なぜ陰極線の実験では粒子のように扱えるのに、電子に自己同一性がないのか？　その理由は、電子は実は粒子ではなく、波の一形態にすぎないからである。

川面に多くの波が立っており、岩にせかれて水の流れが分かれたり合流したりするとき、個々の波に番号をつけてどこまでも追跡するのは難しい。波そのものに個体性はなく、振動が継続するという特徴があるだけである。それと同じように、電子にも個体性や自己同一性はない。

波がどうして粒になるのか

場の量子論に基づいて調べると、電子が粒子的であるための条件が明らかになる。電子の場に生じる波があたかも粒子のように振る舞うのは、周囲からの作用が弱いケースに限られる。この条件が満たされるならば、特定のエネルギーを持つ定在波が安定するので、質量一定の電子が運動すると仮定してもかまわない。しかし、強い作用が加わると定在波が乱されてしまい、1個の粒子の運動のようには見えなくなる。

陰極線の実験において、電子が他の物質と相互作用するのは、スクリーンにぶつかったときなどの特定の瞬間だけであり、それ以外は、孤立した状態で進行する。真空中を進行する過程では、周囲からの作用が弱いため、電子は粒子のような状態を維持する。

しかし、原子の内部に入ると、クーロンポテンシャルを介して常に原子核からの作用を受け続けるため、粒子状態を維持できない。原子に束縛された電子が、まるで溶けてしまったかのように粒子性を失うのは、そのせいである。

原子を使って電子を散乱する二重スリット実験の場合、原子内部を通過する電子が運動方向を大きく変えるため、強い作用が働いたと考えられる。こうした作用が加わると、電子専用の空間に形成されていた定在波が乱され、粒子性は失われる。電子の実体が粒子であるならば、スクリーンに到達した電子は、２つある原子のどちらか一方に散乱されたはずである。しかし、実際には、散乱される過程で自立的な粒子として振る舞わず、両方の原子から伝わってくる波の成分がスクリーンに至るまでの過程に関与するため、電子がどちらの原子に散乱されたかを確定することはできない（詳しくは第８章で論じる）。

周囲から強い作用を受けた電子は、もはや、ニュートン力学に従って飛び回る粒子のようには振る舞わない。

「波であり粒である」という矛盾

量子論に関する通俗的な解説書では、光や電子は、「波であると同時に粒子である」と記されることがある。しかし、この記述が何を意味しているのか、専門の物理学者を含めて、誰も理解できない。「量子論とは、そもそも人間に理解できないものだ」という立場もあるが、何も、そこまで哲学的になる必要はない。光や電子は波だと言い切ってかまわないのである。

光や電子は、波ではあっても、孤立した状態になると粒子のように振る舞う。これは、孤立して他からの作用がないときには、安定した共鳴パターンの定在波が維持され、この定在波を粒子のように扱うことができるからである。

物理学の実験では、電子が粒子として振る舞うようなセットアップを行うケースが多い。陰極線の実験はその典型であり、電子は弱い電磁場しかない真空中を長く飛び続ける。その間に周囲からの作用はほとんどないため、いかにも粒子のように振る舞う。

しかし、化学反応になると、原子内部でクーロンポテンシャルによる作用を受けながら電子が移動するため、粒子的な性質はほとんど見えなくなる。有機化合物に含まれるベンゼン環の場合、六角形のどこに電子が存在するのか、特定することは困難である。ベンゼン環をはじめ、共有結合によって強く結合している分子では、電子は決して粒子のようには振る舞わず、結合が維持される限り、電子がどこにあるかを特定することができない。周囲から作用を受け続ける電子は、安定した定在波を維持できないためだ。

電子は波である。条件によって、ときどき粒子のように振る舞うケースがあるだけだ。

不確定性原理とは何か

量子力学の教科書では、しばしば冒頭近くで不確定性原理が紹介され、学習者を混乱させる。しかし、電子が波だと心得れば、この〝原理〟をそれほど真剣に考える必要がないとわかるだろう。

原子の構造における最大の謎は、電子が原子核にくっつかないことである。電子がクーロンの法則によって原子核に引っ張られ、ニュートン力学に従って運動するならば、一瞬のうちに原子核にくっついて離れなくなってしまう。こうなると物質は崩壊し、ガスが漂うだけの不毛な世界になる。

ハイゼンベルク流の説明では、電子と原子核がくっつかないのは、不確定性原理のせいだとされる。

原子核は、通常の原子における電子の広がりに比べてきわめて小さいので、電子が原子核にくっついた状態は、位置がほぼ確定された状態である。こうなると、相反的に運動量の不確定さが巨大になるため、運動量の値や運動エネルギーが大きくなる。そのせいで、クーロン力だけで電子の位置を狭い範囲に制限することができず、原子核から離れてしまう。結果的に、電子は原子核にくっつくことができないという。しかし、この説明で「ああそうか」と腑に落ちる人は少ないだろう。

電子は粒子ではなく、波が粒子のように振る舞っているのだとすると、そもそも位置が確定する訳がないのだから、説明はもっと直截《ちょくせつ》的になる。単に、「波を狭い範囲に押し込めるのは難しい」という話である。クーロンポテンシャルで原子核に引っ張られるような作用を受けたとしても、波が原子核の位置にまで収縮することはなく、必ず広がりを持つ。原子核のある地点だけ波立たせるのは、かえって難しい。

場の量子論の不確定性原理は、位置と運動量の相反関係ではない。場の強度と、その時間微分（短時間にどれだけ変化するか）の相反関係となる。粒子の量子論における不確定性原理は、粒子でありながら位置が確定できないという理解に苦しむ主張だった。しかし、場の量子論では、場の強度が特定の値に確定できないというものであり、「電子専用の狭い空間に場の値が波となって広がっている」という具体的なイメージで語ることが可能になる。

波のために用意された空間

シュレディンガーが波動力学を撤回するに至った理由は、2つある。1つは、すでに述べたように、原子の外で飛び回る電子の振る舞いを説明できないことだが、おそらく、シュレディンガーにとってより深刻だったのは、もう1つの謎、すなわち、複数の電子があるときの波動方程式の形式である。ここで問題になるのは、電子がいかなる空間に存在するかである。

わかりやすいように、図で表すことにしよう（図3－2。ただし、あくまでイメージ図であって、波形などは物理学的に正確でない）。

ニュートン力学のような「粒子の力学」では、1つの3次元空間内部に複数の（図では2つの）粒子が存在し、それぞれが力を受けながら動いている。陰極線の実験をニュートン力学で解析する場合も、同じような手法で議論された。

ところが、「粒子の量子論」になると、電子が2個存在するときには、それぞれの電子ごと

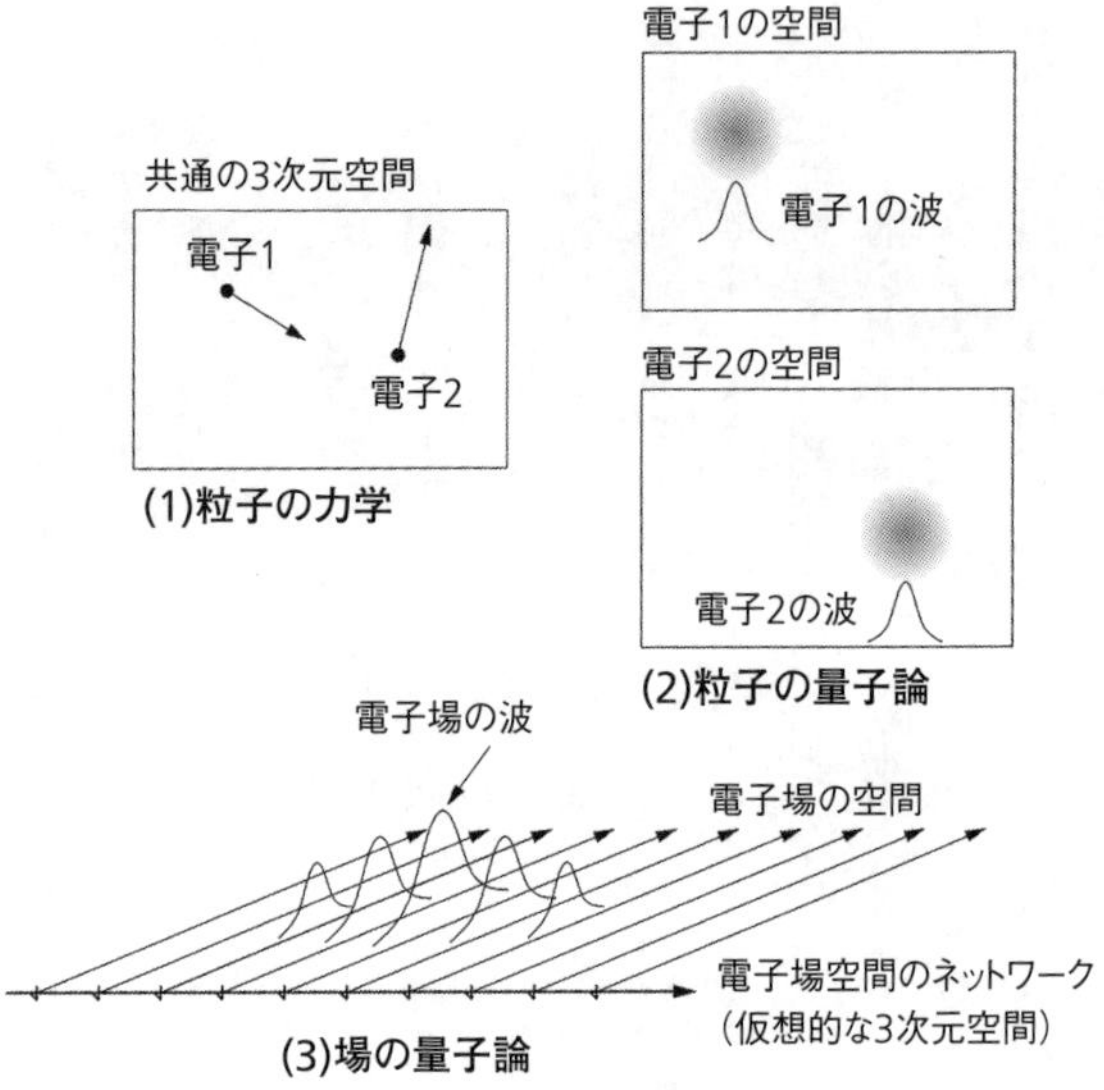

図3-2　電子の波が生じる空間

に、専用の３次元空間を用意しなければならない。電子の位置は、不確定性原理のせいで確定せず、それぞれの専用空間内部でぼんやりとした広がりになる。

　シュレディンガーが考案した理論でも、これと同じように、各電子の波は別々の３次元空間の中で変動する（図３－２⑵）。音波のように、単一の媒質内部にいくつもの波があるのではなく、電子の数だけ３次元空間が存在し、それぞれの内部に１個の電子を表す波が立っている。

　シュレディンガー自身は、当初、水素原子のように１つの電子しか含まないシステムを考察していたので、電子ごとに別の空間を考えなければならないという謎に目が向かなかったようだ。その後、自分の理論がこうした奇妙な形式を備えていることに気がつき、電子は波だという波動力学に対する自信を喪失したのだろう。

しかし、場の量子論になると、空間の見方は反転される。人間が現実的だと思う縦・横・高さの3次元空間の方が、むしろ仮想的な存在にすぎない。現実に存在するのは、電子場専用の小さな空間である。内部に何もない広がりだと思われていた3次元空間は、実は、この小さな空間が相互に連絡し合う3次元的なネットワークを意味する。

図3－2(3)に示したように、小さな無数の専用空間に電子の波が存在しており、周囲からの作用が弱ければ、定在波を形成する。こうした小さな空間が連絡し合うことで、各定在波を連ねた協調的な変動が生じるが、これが、陰極線の実験などでは、1個の電子の振る舞いとして観測されるのである。

シュレディンガーが導いた波動関数は、こうした協調的な変動を近似的に表している。もともと電子場の専用空間における変動なので、各電子ごとに個別の空間が用意されているかのように記述されたのである。もっとも、場の量子論のような〝小さい〟空間を想定せず、巨大な3次元空間の中の波を考えてしまったため、時間とともに波が崩れて広がってしまうという難点が生じた。

ここまで、場の量子論に関してざっと説明してきたが、本当のことを言えば、物理学的には相当に簡略化した説明である。1個の電子が1個であり続けることを保証するためには、ゲージ対称性（電子の場が従う数学的な制約）に基づく電子数の保存を論じなければならないし、電子の場が持つスピノル構造（4次元時空の幾何学に適合する特殊な構造）に言及しなければ、なぜ完全な共有結合を作る電子の数が2個なのかがわからない。読者には、取りあえず、場の量子論とはどんなものなのかを何となくでも感じ取ってほしい。

ただし、次の点だけは心にとめていただきたい。確かに、場の量子論は超絶的に難解であり、一般の人はもちろん、物理学者でも専門分野が異なると、理解するのが難しい。ただし、難解ではあっても、ハイゼンベルクらの量子力学（粒子の量子論）のように不可解ではない。「電子は粒子なのに位置が不確定になる」とか「自己同一性がない」といった訳のわからない主張ではなく、「電子は波である。周囲からの作用が弱いと粒子のように振る舞うこともある」という筋の通った内容なのである。

場の量子論には欠陥があった

第二次世界大戦前後の時期は、場の量子論に関する理解が未熟で、粒子とも波動とも解釈できる曖昧な対象を扱っているとの見方が多かった。また、この理論に基づいて何かを計算しようとしても、積分が有限の値にならずに答えが出ない。パウリは、この困難が簡単に取り除けるものではなく、理論の本質的な特徴であることを見抜いた。このため、場の量子論は、長い間、あまり信用できない量子論の支流という扱いだった。

しかし、戦争が終結し軍事研究に携わっていた科学者たちが純粋に理論的な研究に立ち戻った頃から状況が変わり始め、1960年代に入って決定的な進歩が生じる。この時期、くりこみ群という手法が生まれて積分を有限にすることが可能となった。また、陽子や中性子の構成要素についての研究が進み、素粒子（電子や光子、クォークやグルーオンなど、あらゆる物理現象の根底にある〝何か〟を指す用語）を記述するのに場の量子論が使えるとの期待が高まる。

1970年代になると、この期待が現実化する。場の量子論によって既知の素粒子現象がほぼすべて説明できることが明らかになり、「素粒子の標準模型」が確立されたのである。したがって、量子論と言えば場の量子論を指すと考えるべきであり、量子論にまつわる難解な言説の多くが過去のものになったと言ってよい。

わかりやすい量子論とその敵

量子論の本質は、「物理現象の根底に微細な波動がある」という自然観である。この波動は、小さな空間に閉じ込められており、その結果として定在波を形成する。原子や分子、結晶に見られる量子効果は、こうした定在波の影響が表面化したものである。定在波によって幾何学的な秩序を持った広がりが生まれ、物質に大きさと形が備わる。水分子が一定の角度で折れ曲がったり、塩化ナトリウムの結晶で塩素とナトリウムの原子が規則正しく並んでいるのは、定在波が形成されたからである。

量子効果は、場に生じた波動に起因する。あらゆる物理現象の根底に波動があるとイメージできれば、量子効果が生じるメカニズムがすんなりと腑に落ちるはずである。

ところが、こうした「わかりやすい量子論」は、あまり普及していない。「粒子であると同時に波である」とか「位置と運動量が確定しない」といった、ひどく難解で直観的には捉えられない主張が、いまだにまかり通っている。どうしてこんな厄介な状況になったのか？

これまで述べてきたように、波のイメージに基づく量子論を構築してきたのは、アインシュタイン、シュレディンガー、ヨルダンらである。しかし、彼らは、量子論の研究史では、どちらかと言えば傍系に位置づけられる。標準的な量子論を作った物理学者としては、この3人よりも、ニールス・ボーア、ハイゼンベルク、およびポール・ディラックの業績が高く評価される。

ここで問題なのは、ボーアら3人の学説が、アインシュタインらの主張と比べて、異様なほどわかりにくいという点である。すっきりとしたわかりやすい説明が可能なのに、ボーアらの難解――と言うより不可解――な学説が、標準的な量子論として受け容れられている。こうした状況に至った背景には、かなり入り組んだ歴史的な事情がある。この事情に関して、続く第Ⅱ部で説明することにしたい。

第Ⅱ部

量子論の2つの系譜

しばしば「歴史は勝者の記録」と言われる。科学史もまた然り。これまで執筆されてきた量子論の歴史は、いずれも、その時点で標準的とされた理論の構築過程を中心とする。その結果、ボーアやハイゼンベルクといった、いわゆる量子力学の成立に寄与した物理学者ばかりがクローズアップされた。しかし、この見方は正しいのだろうか？

量子論は、１９２０年代に作られた波動力学や行列力学、さらには、この２つを統合した「量子力学」で完成された訳ではない。その後、数十年にわたって継続的に「場の量子論」の整備が続けられる。１９７０年代には素粒子論の分野で新発見が相次ぎ、「素粒子の標準模型」と呼ばれる体系が作られた。

この標準模型が、現時点における場の量子論の到達点であり、１９００年のマックス・プランクの発見以来、20世紀の大半を費やしてコツコツと積み上げられてきた量子論研究に、一段落をつけるものだった。ちなみに「模型」とは、ある範囲の現象を記述する目的で利用される理論とデータのセットを指しており、永遠の真理ではないことを含意する。4分の3世紀に及ぶ量子論の変遷を俯瞰的に眺めると、ボーアやハイゼンベルクに肩入れする科学史が、実はかなり偏った見方だとわかってくる。

２人は饒舌《じょうぜつ》に哲学的な主張を展開した。これが知的な刺激となって、物理学界のみならず、他分野の知識人を巻き込んだ論争を引き起こしたのである。量子論の歴史は、往々にして、ボーアやハイゼンベルクを主人公とする論争の物語として語られてきた。しかし、前期量子論から素粒子の標準模型に至る長期的な視座から眺めると、こうした論争は、単なる歴史的エピソードにすぎない。量子論の本筋は、「物理現象の根底には何があるか」を巡る純然たる物理学的探求である。

本書第Ⅱ部では、こうした探求を行った中心的研究者として、アインシュタイン、シュレディンガー、ヨルダンの3人を取り上げる。彼らは、現象に合致する数式を得ただけで満足するのではなく、振動や波のような具体的イメージを指導原理として、現象の根底に隠されているものを考察した。ただし、順調に物理学の進歩に貢献できたわけではない。光量子論を提案したものの量子化のメカニズムを解明できなかったアインシュタイン、勇み足的な波動一元論を展開してハイゼンベルクに批判されたシュレディンガー、波動場の理論に内在する欠陥を克服できなかったヨルダン——彼らが、往々にして非正統的な傍系の学者と見なされるのも故なきことではない。

正統派とされるのは、明確なイメージに基づかず、しばしば誤った論考を推し進めながらも、その後の理論展開に役立った模型や計算ツールを考案した物理学者である。ボーアやハイゼンベルク、それに、素粒子論のツールとなる摂動論的手法を案出したディラックが、その代表者だろう。以下では、量子論研究における2つの系譜を対比的に眺めていきたい。

第4章　ボーアvs.アインシュタイン

教科書的な科学史の記述では、量子論の発展におけるアインシュタインの役割について、かなり厳しい評価が下される。「前期量子論」と呼ばれる初期の段階で重要な貢献をしながら、1920年代半ば以降に起きた革新的な展開について行けず、新しい理論をいたずらに批判する強情な保守主義者に堕したという評価だ。

一方、ボーアは、量子力学とはいかなる理論かを哲学的な観点から論じ、ハイゼンベルクら若手研究者のリーダーとして活躍した——そんな紹介のされ方が多い。

しかし、実際に2人の論文を読み比べてみると、それほど単純な話でないことがわかる。アインシュタインが具体的なイメージに基づいて量子の謎に挑んだのに対して、ボーアはさまざまな数式をつぎはぎしながら実験と一致する理論を模索しており、真理を探求する姿勢に大きな違いが感じられる。結果だけを見ると、アインシュタインが自分のイメージを理論化できなかったのに対して、ボーアは有用な原子模型の構築に成功したため、歴史的な評価に差が生じたようだ。

この第4章では、アインシュタインとボーアの方法論の違いに注目する。まず、量子論の出発点となったプランクの発見に、2人がどのように対応したかを見ていこう。

プランク、エネルギー量子を発見する

量子論の歴史を考える際に、出発点として位置づけられるのが、プランクによるエネルギー量子の発見である。

西ヨーロッパ諸国に比べて植民地争奪で後れをとったプロイセンは、19世紀後半から製鉄業に力を入れ国力の充実を図っていた。製鉄の工程で重要なのは、溶かした鉄鉱石の温度管理であり、適切なタイミングで不純物を除去し鉄を精錬しなければならない。しかし、通常の温度計で溶融した鉄の温度を測ることはできず、「温度が低いと赤黒いが、高温になると白っぽく輝く」という経験則に基づき、熟練工が目視することで温度を推測するしかなかった。

そこで物理学者に要請されたのが、高温の鉄が発する光を計測することで温度を求める手法の開発である。すでにルートヴィッヒ・ボルツマンらが考案した統計力学によって、温度がある値のときのエネルギー分配について、一般的な規則が明らかになっていた。この規則を当てはめると、ある温度のとき電磁場に供給される全エネルギーが、振動数の異なる光にどんな割合で分配されるかが計算できる。振動数は光の色と結びつくため、温度と色の関係も判明する

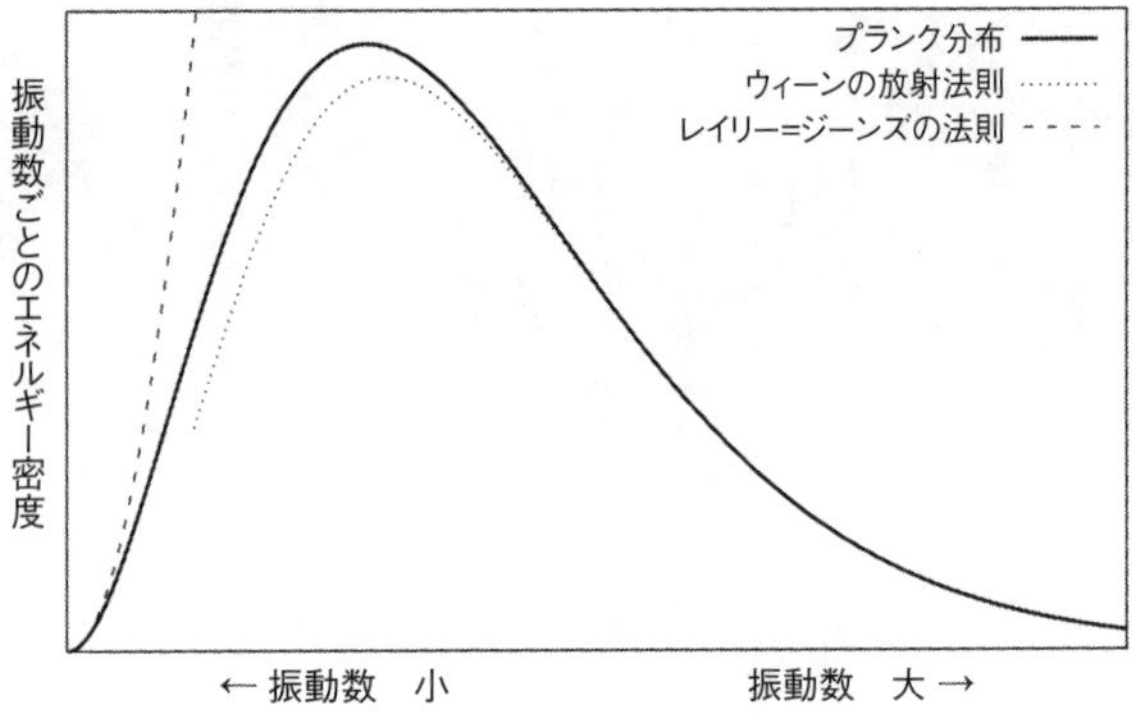

図4-1　プランク分布

はずである。

表面で光を反射しない「黒体」という仮想的物体を想定し、ある温度のとき各振動数ごとにどのような強度の光が放射されるかが研究された。だが、観測されるデータと一致する理論は、なかなか作れなかった。

19世紀末までに、半経験的な議論に基づいて、振動数の小さい側と大きい側でそれぞれ実験データを再現できる2種類の数式が得られた。しかし、どちらも、振動数を変えていくとデータとの食い違いが大きくなる。この2つの数式と格闘していたプランクは、1900年、2つをうまくつなぎ合わせて、振動数の全域でデータと一致する数式——後に「プランク分布」と呼ばれるもの——を導き出した（図4－1）。振動数が大きい領域でデータと一致するウィーンの放射法則と、小さい領域で一致するレイリー＝ジーンズの法則とをつなぐのがプランク分布。座標軸のスケールは温度に応じて決まる）。

　プランクが偉大だったのは、ここからである。彼は、自分の見出した数式が物理的に何を意味するか懸命に考え、ついに一つの結論に到達する。黒体が電磁場とエネルギーのやりとりをするとき、振動数νの光と「νに比例するエネルギーの要素（Element）」を受け渡しすると洞察したのである（νは振動数を表す記号としてよく用いられるギリシャ文字で、「ニュー」と発音する）。比例係数は、当時知られていた物理定数の組み合わせとして表されたが、現在では、この比例係数を普遍的な物理定数と見なして「プランク定数」と呼び、記号ｈで表す。

　もっとも、プランクは大いなる誤解をした。エネルギーがｈνという要素的な量に制限されるのは、原子の内部に特殊な振動をする何かがあるためだと考えたのである。当時、原子核はまだ発見されておらず、原子がどういう構造をしているか全く不明だった。それだけに、「不思議な振る舞いは、原子内部の未知の領域に由来するはずだ」とプランクが発想したことは、ある意味で当然だった。プランクの考えに賛同した多くの物理学者が、原子の奥に秘められた謎の振動体の正体を探ろうとした。

　そんな中、学界の趨勢《すうせい》に反して、アインシュタインは、プランクの見方が誤りであり、「エネルギーが特定の値に制限されるのは、電磁場の性質に由来する」という論文を発表する。

アインシュタインによる革新

　1905年の論文で、アインシュタインは、光とはまるで無数のエネルギーの塊が飛び回っているようなものだと主張した。論文の表現によれば、「振動数が一定の光は……、熱力学的には、あたかも大きさが《定数×振動数》（論文では具体的な数式が記される）の互いに独立なエネルギー量から構成されるように振る舞う」となる。定数をｈ、振動数をνと書けば、《エネルギー量＝ｈν》となる。これが、「アインシュタインの関係式」である。

　「エネルギー量」に相当するのはドイツ語の「Energiequanten」で、英語で言えば「energy quanta」。「quanta（単数形：quantum）」は、ニュアンスとしては少なめの量を意味しており、「a quantum of effort」と言えば、「ちょこっとの努力」のこと。この「quanta」が日本語で「量子」と訳されたのだが、言い得て妙である。

　事物に「～子」という接尾語を付けると、書き付け用のおふだ「冊」を綴じたものが「冊子」と呼ばれるように、1つにまとまったものを表す。ちなみに、西欧科学の訳語として「～子」が最初に使われたのは、19世紀初頭に力学テキストの翻訳書で、小さく分けられた物体の一片を表す「corpuscle」を「分子」と訳したのが最初らしい。この用語は、後に「molecule」の訳語として定着した。アインシュタインの論文以降、ｈνというエネルギーの塊は、光に限らず一般に「エネルギー量子」と呼ばれる。

19世紀半ばにジェームズ・クラーク・マクスウェルは、電磁場の振動が波として一定の速度で伝わることを理論的に導き、伝播《でんぱ》速度がすでに測定されていた光速と一致することから、光は電磁場の波動だと結論した。マクスウェルの議論によれば、電磁場の波動が持つエネルギーは振幅の2乗に比例する。通常の考えでは、振幅は任意の値に設定できるので、エネルギーはどんな値でも取り得るはずである。

ところが、アインシュタインの理論によれば、振動数νの光が持つエネルギーは、ｈνの整数倍に限られる。強い光とは、大きな振幅で振動する波ではなく、ｈνというエネルギーの塊が数多く存在することになる。アインシュタインは、この塊を「光量子」と呼んだ。

光は気体分子に似ている

19世紀後半、ドイツでは光の熱力学に関する研究が進められていたが、その中で突飛なアイデアによって学界をリードしたのが、ウィルヘルム・ウィーンである（図4－1に記した「ウィーンの放射法則」の提唱者）。電磁気の実験では、金属製の容器内に電磁波を閉じ込めて共振を起こさせる空洞共振器が、よく用いられる。ウィーンは、これを熱力学の装置として扱う思考実験を考案した。

内壁が光を完全反射するシリンダーに電磁波を閉じ込め、鏡でできたピストンを押し込んだ

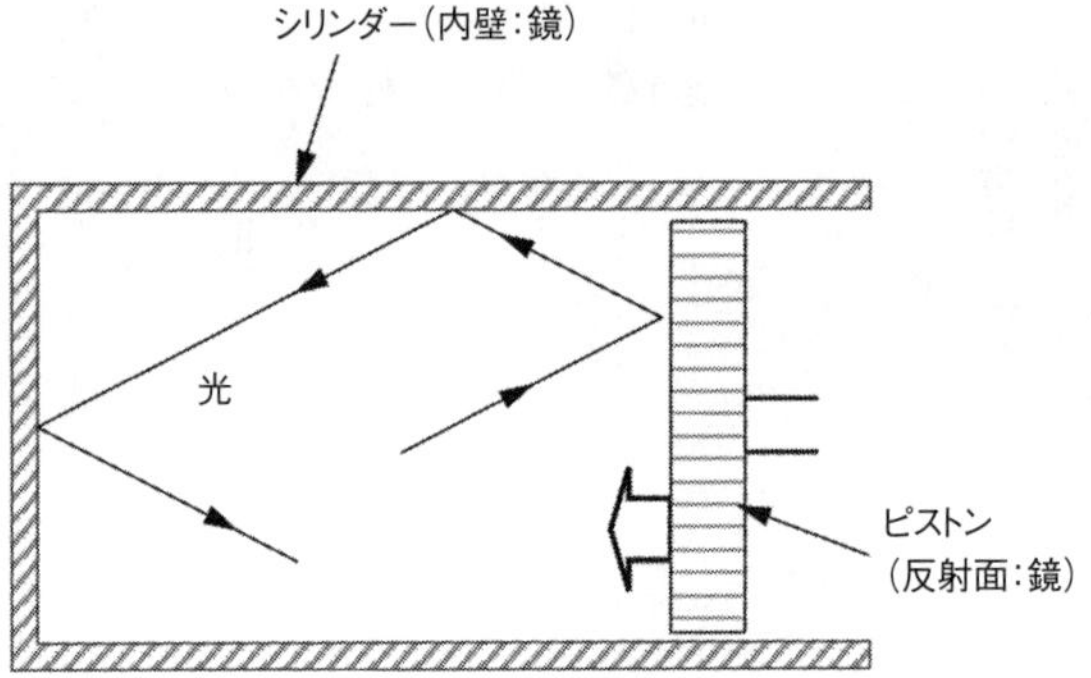

図4-2　ウィーンの思考実験

ときに、電磁波の振動数やエネルギーはどのように変化するか（図4－2）？　こうした思考実験を通じて、ウィーンは、光の熱力学的な関係式を導いた。ところが、導かれた関係式が、気体分子が熱力学法則に従ってシリンダー内部を飛び回るという気体分子運動論の式とよく似ていたのである。アインシュタインは、この点に注目した。

　アインシュタインは、液体中に浮遊する微小粒子がブラウン運動（溶液分子が衝突することで生じる不規則な運動）によってどのように拡散するかという研究で博士号を取得しており、もともと熱力学・統計力学のエキスパートだった。ウィーンが思考実験によって導いた光についての熱力学的な関係式が、気体分子が持つ運動エネルギーを光の振動数νと定数の積に置き換えたものになっていることは、彼にインスピレーションを与えたに相違ない。

アインシュタインの理論は、エネルギーが特定の値に〝量子化〟される原因がどこにあるかをはっきりさせた。「黒体と電磁場の間でやりとりされるエネルギーが、ｈνを単位にする」というプランクが発見した性質は、原子の中にある得体の知れない振動体がもたらすのではなく、電磁場の特性に由来する。

ただし、「電磁場は連続的な場でなく粒子の集まりだ」という解釈は採用していない。後の素粒子論では、光量子を粒子と見なして「光子（photon）」と呼ぶことが多いが、アインシュタインは、あくまで場の振動エネルギーがｈνを単位とするという見解である。

このことは、アインシュタインが固体の比熱を求めるのに、光量子論と同じ手法を用いた事実から明らかだ。ダイヤモンドのような結晶の比熱は、熱エネルギーを供給したとき、規則正しく並んだ原子がどのように振動するかによって決まる。アインシュタインは、１９０７年、原子の振動エネルギーが光と同じくｈνを単位にすると仮定することで、従来の理論的予測と実験データの間にあったズレの原因を解明した。

電磁場と結晶内部の原子のどちらでも、振動エネルギーがｈνの整数倍に制限されると仮定したのだから、アインシュタインは、両者に見られるエネルギーの量子化が、同じメカニズムで生じたと見なしたはずである。原子の振動それ自体は明らかに粒子ではないのだから、光も粒子の集まりとは考えなかったろう。

現在の物性理論（物質の物理的性質について扱う理論）では、エネルギーの値が$h\nu$に量子化された結晶内原子の振動は、「フォノン」と呼ばれる。フォノンは固体物性における典型的な量子効果であり、極低温で電気抵抗がゼロになる超伝導など、低温で見られる特徴的な現象と密接に関連する。

フォノンは、明らかに自立的な粒子ではないものの、エネルギーが離散的な値に制限されることから、この振動が結晶内部を伝わっていく過程でしばしば粒子のように振る舞う。このように、結晶における原子振動があたかも粒子のように振る舞うことは、後に登場する場の量子論を理解する上で大いに参考になる。

ダメ理論と思われた光量子論

電磁場の特性によって光のエネルギーが量子化するという光量子論に対して、当初、大半の物理学者は否定的な見方をした。１９１３年にプランクやヴァルター・ネルンストといった大御所格の科学者がアインシュタインをプロシア・アカデミー会員に推薦したときのコメントには、アインシュタインも間違いを犯すことがある例として光量子仮説が挙げられた。あまりの批判の多さに辟易《へきえき》したのか、アインシュタイン自身、論文を執筆する際に光量子のアイデアを強調しなくなり、そのせいで、マックス・フォン・ラウエ、ロバート・ミリカン、アルノルト・ゾンマーフェルトら著名な物理学者たちは、アインシュタインが光量子論を撤回したと勘違いして、その判断を好意的に評価した。

風向きが変わるのは、１９１０年代後半に、光の電磁気的効果を調べる実験の精度が上がってからである。特に、ミリカンによる光電効果（金属に光を照射すると電子が飛び出す現象）の精密測定が大きな役割を果たした。１９２０年前後には光量子論の正当性がほぼ確実になり、１９２１年にアインシュタインがノーベル物理学賞を授与される際には、相対性理論やブラウン運動の理論ではなく、光量子論が授賞理由に挙げられた。

もっとも、光量子論は、光の統計的な性質を記述する手法であり、エネルギーが量子化するメカニズムを解明する理論ではない。アインシュタイン自身、１９５１年に友人のベッソーに宛てた手紙で、「丸50年あれこれ考えてきたが、〝光量子とは何か〟という問いの答えには少しも近づけなかった」と述懐している。

アインシュタインに代わって光量子の謎を解いたのは、ヨルダン以降の場の量子論の研究者たちである。

アインシュタインは、１９２０年代半ばから、重力と電磁気学を統合する統一場理論に入れ込んでおり、場の量子論に関する研究はフォローしていなかった。場の量子論が現実的な理論として急発展するのは、彼の死後、１９６０～70年代にかけてなので、この無関心は致し方ないとも言える。

場の量子論と直接関わることはなかったにしても、アインシュタインが、量子論の進歩に決定的な役割を果たしたことは確かである。黒体放射のエネルギーが$h\nu$を単位とする原因が、原子内に隠された得体の知れない振動体ではなく電磁場そのものにあることを見抜き、さらに、こうした電磁場の振る舞いが、結晶内原子の振動と同じ手法で扱えることを洞察した。実験データがごくわずかしかない段階で、物事の本質を捉えていたのである。

ボーアがひねり出した原子模型

アインシュタインが現象の根底にある本質を探究したのに対して、ボーアは、現象と合致する数式を見つけ出すことに力を注いだ。そのことが最もよくわかるのが、原子模型の理論である。

原子が原子核と電子から構成されることを示す実験結果は、１９１０年の終わり頃までに得られたが、それ以前から、重い原子核の周囲を軽い電子が円軌道を描いて回るという太陽系型の原子模型が可能かどうかが検討されていた。答えは、ちょっと計算するだけで直ちに得られた。そんな原子模型は、不可能なのである。

電子が原子核を周回すると電磁場が周期的に揺さぶられるため、その振動が電磁波となって周囲に放射される。この放射は、電子が持つエネルギーを運び去る。人工衛星が大気との摩擦でエネルギーを失うと地表に落下してくるが、それと同じように、電子も原子核に向かって落下し、表面にひっついて離れなくなってしまう。原子核への落下は文字通り一瞬で生じるので、大きさを持つ物体は存在できない。

原子構造の解明を目指していたボーアは、電子が原子核に落下するのを防ぐメカニズムとして、プランクの理論が応用できそうだと考えた。プランクは、原子の内部にある振動体が振動数νで振動するとき、エネルギーがhνの塊となる電磁波しか放射できないと論じた。これに対してボーアは、原子内部に振動体は存在せず、原子核の周囲を周回する電子の運動によって電磁波の振動数が決まると見なした。放射される電磁波の振動数は、1秒あたりの電子の周回数に等しいと仮定したが、電磁波のエネルギーがプランクの関係式を満たすように制限されるため、原子の崩壊が回避されると推測したのである[*1]。

具体的に説明しよう。ボーアは、まず電子が電磁波を放射せず、原子核の周りを円運動すると仮定して、ニュートンの運動方程式を立てた。さらに、離れていた電子と原子核が接近し原

＊1――ボーアがどのような思考過程を経て原子模型に到達したかは、L・ローゼンフェルト著、江沢洋著・訳『ボーア革命　原子模型から量子力学へ』（日本評論社）に詳しい。

子が形成される際には、プランクの関係式が示すように$h\nu$のn倍のエネルギーを電磁波として放出すると考え、その過程で失ったエネルギー$nh\nu$を、1秒あたりの周回数がνである電子の束縛エネルギーに等しいという条件式を置いた。この条件式を運動方程式と連立させると、整数nが含まれるせいで軌道半径や束縛エネルギーが離散的な値になり、連続的に軌道半径が減少して電子が原子核に落ち込むことはできなくなる――以上がボーアのアイデアだったようだ。

　ところが、このアイデアに基づいて実際に計算してみると、得られた束縛エネルギーは実験データと一致しなかった。ボーアが残した当時の研究ノートには、いろいろな数値を代入しながら正しい式を模索した跡が残されている。最終的に、かなり苦しい言い訳をして、「束縛エネルギーは$nh\nu$ではなく、その2分の1に等しい」という条件に変更したところ、ようやく実験データとピタリと一致する数値を得た。このようにして作られたのが、1913年に発表された原子模型――いわゆる「ボーア模型」――である。

理論のつぎはぎ

　改めて強調しておくが、「1秒間にν回原子核の周囲を回る電子からの放射が、振動数νの光に関するプランクの関係式を満たす」というボーアの仮定は、現在の物理学からすると、噴飯《ふんぱん》物《もの》である。原子内部に振動数νの振動体があるというプランクの主張も、正当ではない。正しいのは、「エネルギーがｈνの塊になるのは電磁場の特性だ」とするアインシュタインの光量子論だった。

しかし、ボーアが原子についての研究を行った１９１２〜13年頃には、「光量子論は全くの誤りで、やりとりされるエネルギーの単位がｈνとなるのは、電磁波を放出する原子の側に原因がある」というのが学界の通説だった。プランクやボーアの誤解は、科学の歴史ではざらにあるミスの一例にすぎず、批判するには及ばない。

電子の束縛エネルギーがｎｈνの2分の1倍になるというボーアの言い訳じみた説明も、物理学的に正しくない。しかし、2分の1という係数をつけたおかげで、この条件式とニュートンの運動方程式とを連立させると、偶然にも、角運動量（回転の勢いを表す物理量）がｈを円周率の2倍で割った値の整数倍に等しいという結果が得られる。

この結果をゾンマーフェルトが一般化したのが、その後の量子論研究の礎となり、ハイゼンベルクらによる行列力学の建設を可能にした「ボーア＝ゾンマーフェルトの量子条件」である。これにド・ブロイの物質波の理論を当てはめると、円運動する電子の軌道長が波長の整数倍と等しくなり、原子内部で定在波が形成されるというシュレディンガーの主張と一致する。

「誤った仮定から導かれた条件式が、偶然、量子論の核心を突いていた」という幸運によって、ボーア模型は、量子論の発展に重要な役割を果たすことになる。その歴史的価値を認めるのに、やぶさかでない。問題なのは、ボーアが、原子模型を作る際に自分が採用したやり方を、物理学研究の有用な規範と見なしたことである。

ボーアの原子模型は、「電子が原子核の周囲をニュートン力学に従って周回する」という古典論と、「電子の束縛エネルギーが離散的になるような条件を根拠を示さずに課す」という量子論を組み合わせることで作られた。「異質な理論を強引に結びつけることで、正しい結果が得られた」という成功体験は、ボーアに強烈な印象を与えたのだろう。彼は、原子物理に関して、「人間が理解できる形式で首尾一貫した理論を作ることはできず、互いに相容れないように見えるいくつかの仮定や条件をパッチワークのようにつぎはぎしなければならない」と考えるようになる。このように、異質な内容の言説を相補的に組み合わせることが必要だとする主張が、「相補性原理」である。

ボーアは、１９２７年に量子力学のマニフェストとされる講演（開催された地名を取って「コモ講演」と呼ばれる）を行い、そこで相補性原理のアイデアを提唱した。この講演は、量子論研究に着手すべきか迷っていた物理学者に大きな影響を与えたと言われる。

光を例にとって説明しよう。光は、古典論では電磁場の波以外の何物でもないが、量子論になると、光量子というエネルギーの塊が気体分子運動論における分子のように振る舞う。光は波動なのか粒子なのか？　旗印を鮮明にしない理論は、内部矛盾を抱えているようで、果たして研究に値するのか疑問に感じる人も多いだろう。これに対して、ボーアは、一見矛盾する主張を内包するのが、原子物理を扱う理論の特質だと諭《さと》したのである。

相補性原理は、人間の知的能力に超えられない限界があることを示唆する。知的能力の限界が奈辺《なへん》にあるかは、18世紀の哲学者カント以来、ドイツ観念論の重要な論点だった。哲学に深い関心を寄せていたハイゼンベルクも、ボーアの主張に影響を受け、量子力学における物理量の意味に独自の哲学的解釈を施すようになる。

しかし、相補性の考えに対して、激しく反発した人がいた。アインシュタインである。

ボーア＝アインシュタイン論争

アインシュタインは、現象の背後に整合的な物理法則が存在することを信じており、ボーアのように、相反する主張のつぎはぎのような理論を容認することはできなかった。こうした方法論の違いが、１９２０年代から40年代に至るまで、２人の間でたびたび論争が繰り返される原因になったと考えられる。

ボーアとアインシュタインの論争で最も有名なのは、１９２７年の第5回ソルヴェイ会議で繰り広げられたものだが、いわゆる「観測問題」に関わる内容なので、第8章で取り上げる。

ここでは、第6回ソルヴェイ会議（１９３０年）の論争に注目しよう。

論点になったのは、不確定性原理の「普遍性」。不確定性原理とは、電子など量子論で扱われる粒子の場合、位置と運動量が確定できず、その不確定性が相反的になるという内容である。アインシュタインは、位置と運動量が不確定になる可能性は認めていたが、それはあくまで現象を近似的に記述した場合に見られる特徴であり、根源的な理論を用いれば不確定性は消失すると考えたようだ。

位置と運動量に関する不確定性原理が普遍的な原理でない理由として、１９３０年の論争でアインシュタインが指摘したのが、相対性理論に反する点である。

相対性理論は、あらゆる物理現象の枠組みとなる時間と空間の形式を決定する。仮に不確定性原理が普遍的な原理であるならば、時間と空間を統一する相対性理論に従うはずである。時間と空間を統一的に扱う立場では、時間的な物理量であるエネルギーと、空間的な物理量である運動量がワンセットの組になる。ならば、量子論でも、空間的な位置と運動量の間だけでなく、時間的な位置とエネルギーの間にも不確定性原理が成り立たなければならない。

粒子は時間方向に連続的に存在するので、時間的な位置を定義するのは不可能なはずだが、無理にこじつければ、何らかの事象が起きる時刻と考えられなくもない。もし量子論の不確定性原理が普遍的な原理だという主張を押し通そうとするならば、ある事象の生起する時刻と、その事象に関わるエネルギーはいずれも不確定になり、その不確定性の間に、位置と運動量の場合と同じ関係式が成り立つと考えざるを得ない。

ボーアは、相補性の観点に立って、量子論で扱われる電子や光子などを、粒子性と波動性を兼ね備えていながら粒子とも波動とも異なる不可解なものと捉えていた。したがって、体系的な理論ではなく、運動量とエネルギーが組になる物理量だという断片的な知識に基づいて、エネルギーと時刻の間に不確定性原理が成り立つと考えたようだ。これに対してアインシュタインは、事象が生起する時刻とエネルギーの間の不確定性が存在しないことを、具体的な事例を使って示そうと試みた。

論争の勝者は誰?

アインシュタインが採用したのは、光子箱を使った思考実験である。この思考実験では、シリンダー内部の気体から1個の分子を取り出すのと同じように、多数の光子が入ったシリンダーのシャッターを開閉して光子を取り出した場合、光子のエネルギーとシャッターの開閉時刻の間に不確定性原理が成り立つかどうかを問題とする。ただし、光子のエネルギーをどうやって測定するかなど、理論的に曖昧な部分が残るため、議論が紛糾してしまう。

アインシュタインの思考実験に代わり、本書では、光子箱のケースと実質的に同等の実験とし

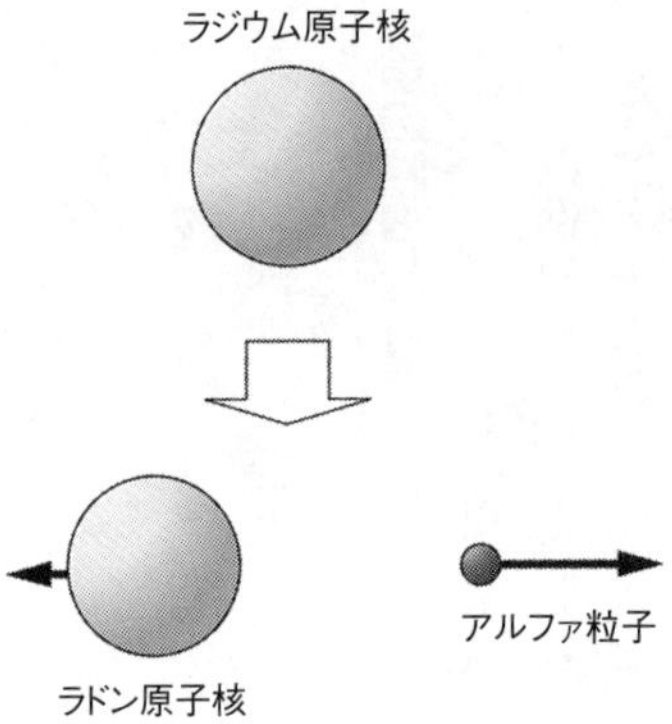

図4-3　ラジウムのアルファ崩壊

て、当時はまだ理論が未熟なため考慮されなかった核反応を考えることにしよう（図４－３）。例えば、ラジウム原子核は半減期１６００年でアルファ崩壊を起こし、アルファ粒子を放出してラドン原子核に変化する。このとき、アルファ崩壊が起きた時刻とアルファ粒子の持つエネルギーが不確定性原理を満たすかと言うと、そんなことはない。原子核の質量は物理定数として決まっているので、崩壊の際にアルファ粒子に与えられるエネルギーは、ラジウム原子核の運動に起因するわずかな不確定性を別にして決定できる。

その一方で、アルファ崩壊が起きた時刻は、各種センサーを使って精密に測定可能である。エネルギーの不確定性と関係づけられるのは半減期の長さであり、アルファ崩壊がいつ起きたかという時刻の不確定性ではない。

光子箱という奇妙な実験装置を想定したため、アインシュタインの議論はわかりにくくなったが、核反応に置き換えて考えれば明らかなように、彼の主張自体におかしな点はない。位置と運動量の不確定性原理を相対論的に拡張することは不可能であり、時刻とエネルギーの不確定性原理は存在しない（よく似た式ならあるが、原理ではない）。

実は、粒子の量子論である量子力学は、そもそも相対性理論に従っていない。量子力学は、あくまで、より根源的な理論である場の量子論の非相対論的な近似にすぎないのである。場の量子論では、（第6章で示すように）物理現象を担う実体は場であり、相対論的な不確定性原理は、場の強度とその変化率の間の関係に読み直される。

論争が行われた時点で、すでにヨルダンやパウリが場の量子論を構築しつつあったが、アインシュタインのみならずボーアも、この理論のことをよく知らなかった。そのせいもあり、ボーアは、アインシュタインが行った正当な批判を、理解困難な主張を繰り出して論駁《ろんばく》してしまう。

ボーアの論法は、彼が原子模型を作ったときのやり方とよく似ている。自分が正しいと信じる結論に到達するために、思いついた式をいろいろ組み合わせて、使えそうなものを探したのである。このときボーアが利用したのは、一般相対論に基づく数式だった。しかも、理論の基盤となるアインシュタイン方程式から演繹《えんえき》的に導出したのではなく、奇妙な思考実験に基づく迂遠《うえん》な議論によって、怪しげな式を無理矢理導いている。一般相対論の方程式は複雑で、専門家でも当否はすぐに把握できない。おそらく、このときのアインシュタインも、ボーアの主張に対して即座に反論できなかったのだろう。もしかしたら、どんな論法を用いてでも相手を屈服させずにはおかない態度に、「やってられない」と感じたのかもしれない。

アインシュタインが論争を放棄したため、ボーアは、後の回想で自分が勝利したかのように語っている。だが、彼が提示した論拠は、現在の物理学的観点からすると、どう見ても正当とは言いかねる。こんにちボーア＝アインシュタイン論争として語られる一連の出来事は、ほとんどがボーア側の証言に基づいて紹介されるため、保守的なアインシュタインに対して革新的なボーア陣営が勝利したという記述が多い。しかし、論争の内容を物理学的に検討すると、むしろ、アインシュタインの側に軍配を上げたい。

相補性原理に代表されるボーアの方法論は、20世紀中葉まで、量子論理解に必須の哲学的基盤だと見なされてきた。だが、現在では、歴史的な遺物として敬遠するのが無難だろう。

第5章　ハイゼンベルクvs.シュレディンガー

1900年にプランクが発見したのは、高温の物体と電磁場が相互作用するとき、やりとりされるエネルギーがhνの整数倍に量子化されることだった。アインシュタインは、この量子化が電磁場の特性に由来することを（正しく）洞察したが、量子化のメカニズムを解明できず、１９２０年代における理論の急展開では大きな役割を果たせなかった。一方、ボーアは、プランクが得た関係式を（誤って）原子エネルギーの導出に適用したが、幸運にも量子条件として正しい式を導くことができた。その結果、ボーアが考案したモデルを基に原子構造の解明を目指す研究が活発化し、物理学界は、量子力学という新しい学問体系の建設へと進んでいく。

シュレディンガーとハイゼンベルクは、ともに量子力学の建設者として広く知られる。論文の提出はハイゼンベルクの方が早かったが、それぞれ独立に自分の理論に到達したと言ってよい。２人が作り上げた理論は、数式だけ見ると、表現方法が異なるものの、同一の計算結果を与えるという意味で等価だった。しかし、数式の解釈に関して、２人は全く違う態度をとっており、研究の方法論は正反対と言ってよい。

シュレディンガーは、正電荷を持つ原子核と負電荷を持つ複数の電子という、ニュートン力学では決して安定な状態に到達できないはずのシステムが、なぜ壊れることのない原子を形作れるかについて、理由を直観的に説明できる理論を探求した。その結果として得られたのが、「原子内部に定在波が形成される」という明確な物理的イメージに基づく波動力学だった。

もっとも、自分の得た波動方程式の解が電子そのものを表すと（誤って）主張したため、ハイゼンベルクに批判され、自説を撤回せざるを得なくなった。結局シュレディンガーは、波動方程式が「ある地点に電子が存在する確率を計算する式」だと割り切るようになる。

一方、ボーアの影響を強く受けたハイゼンベルクは、直観的なイメージに頼らず、数式を組み合わせながら新たな方向性を模索した。最終的に行列力学という形で結実する研究は、ボルン、ヨルダンとの共同作業を通じて行われたが、この２人が専門家以外に向けて積極的な発言をせず、また、１９３２年にノーベル賞を受賞したのがハイゼンベルク１人だったこともあって、一般には、やや特異なハイゼンベルクの見解が行列力学の正統的解釈と見なされた。

具体的なイメージを重視したシュレディンガーと異なり、ハイゼンベルクは、電子の実体が何であるかを議論するのは物理学的に無意味であり、理論では観測結果だけを扱うべきだと考えた。行列力学の方程式は、ある測定を行ったときに特定の結果が得られる確率を求めるためのものと解釈した。この解釈は、自説撤回後のシュレディンガーの考えと似ているが、測定されるまでどんな状態にあったかは原理的に記述できないと主張した点で異なる。ハイゼンベルクは、「現象の根底に本当は何があるか」あるいは「物理的な実在とは何か」について語ることを、一貫して拒否したのである。

この第５章では、ハイゼンベルクとシュレディンガーの方法論の違いを中心に紹介する。波動力学の欠点を克服しようとするヨルダンとパウリの試みについては、次の第６章で改めて取り上げる。

ボルンによる新たな力学の模索

　ボーアの原子模型は、量子論の研究者に指針を与える上で役立ったが、論文に記された内容をそのまま真に受ける物理学者は必ずしも多くなかった。特に、ふだんは電磁波の影響を受けずクーロン力に引っ張られて円運動するだけなのに、時折、プランクの法則を満たすように電磁波の吸収・放出を行って異なるエネルギー状態に〝飛躍〟するという不可解な電子の振る舞いは、何らかの形で修正すべきだと見られていた。

　この方向で研究を行っていた物理学者の1人が、マックス・ボルンである。彼は、「電子が円軌道を描く」といった具体的な運動を想定すると、観測される現象を首尾一貫した形で説明できないと了解した。そこで、円のような軌道を指定せず、「状態」という概念を用いることにしたのである。

　実験データによれば、水素原子が持つエネルギーは、最低エネルギー$-E$をある整数nの2乗で割った値となる。原子の状態は、この整数nによって指定できるものと仮定し、後の命名に従ってnを「量子数」と呼ぶことにしよう。電磁波が吸収・放出される過程は、量子数nの状態から別の量子数n'の状態への遷移と考えられる。ボルンが追求したテーマは、この状態遷移がどのような頻度で生じるかを求めることだった。

遷移の計算方法を集中的に研究したボルンは、1924年、それまでの成果をまとめた「量子力学について」という論文――量子力学という用語が初めて使われた文献――を発表するが、このとき、細かな計算を手伝ったのが、前年秋に助手として採用されていたハイゼンベルクだった。[*2] ボルンは、若手研究者と積極的に交流するタイプの学者で、パウリやヨルダンも、ボルンとの議論や共著論文の執筆を経て、その才能に磨きをかけていった。

ボルンとの共同研究によって、この分野に深く入り込んだハイゼンベルクは、考えを進めるうちに、あることに気がつく。状態遷移の計算に物理量の積が含まれる場合、量子数についての和をとる特殊な計算ルールが必要になったのである。しかし、そこから発展させることができず、いくつかのややこしい式を求めただけで、中途で投げ出したかのように終わる論文を執筆した。

「出版に値するか検討してほしい」と論文の原稿を渡されたボルンは、数日かけて熟読し、そこに本質的な何かが潜んでいると察知した。出版の手続きをとるとともに、アインシュタインに宛てて「ハイゼンベルクの新しい仕事は、神秘的に見えますが、正しく奥深いものです」と書き送っている。引き続き昼も夜も考え続けた後、ハイゼンベルクの用いた計算ルールが、自分が学生時代に習った行列計算（数を縦・横に並べた「行列」の和や積を与える手法）そのものだと閃《ひらめ》く。

行列を使うと、ややこしかった数式群が、実に見通し良く整理される。そこでボルンは、ボーア＝ゾンマーフェルトの量子条件を念頭に置いて、電子の位置と運動量の積に行列の計算ルールを当てはめたところ、きわめて簡単な関係式にまとめられることがわかった。これが、「交換関係」と呼ばれる式であり、数式による不確定性原理の表現である。

さらに理論を深化させねばと感じたボルンは、まず、かつて助手を務めたパウリに共同研究を持ちかけるが、数式をもてあそんでいると思われたのか、にべもなく断られる。そこで、優秀な学生だったヨルダンに協力してもらい、２人で行列の手法を用いて理論を数学的に練り上げ、１９２５年に連名の論文として発表した。この論文では、交換関係が厳密に定式化されただけでなく、位置や運動量の時間変化を表す方程式――後に（なぜか）ハイゼンベルク方程式と呼ばれるようになる――が導かれ、行列力学の枠組みが整えられた。交換関係やハイゼンベルク方程式は、ハイゼンベルクが発見したかのように語られることがあるが、実際には、ボルンとヨルダンが発見し、２人の連名論文で発表したものである。

＊2―行列力学の構築過程、特に、ハイゼンベルク、ボルン、ヨルダンの役割分担については、"Sources of Quantum Mechanics" (ed. by B.L. van der Waerden, Dover) に収録された各論文と解説を参考にした。

先鋭化するハイゼンベルク

当時、ボルンが在職するゲッティンゲンから離れていたハイゼンベルクは、ヨルダンからの手紙で研究成果を知らされた。彼は主に手紙でのやりとりを通じて独自の研究内容をボルンとヨルダンに伝え、最終的には3人の連名で長大な論文が発表される。この論文をもって、行列力学の形式が完成された。ただし、物理学的な見方が3人の間で一致していたとは言いがたい。

理論の目標を状態間遷移の計算に絞ったボルンの手法は、現状では電子の軌道を確定できないという否定的な状況認識に基づいており、「取りあえずやれることをやる」ための策だったと思われる。あまり大胆な提言はせず、わかる範囲で地道に数式を立てていくやり方で、誠実だが革新性には乏しい。一方、ヨルダンは、主に理論の数学的な側面に関心があり、現象を適切に記述する新しいテクニックの開発に向かった。3人連名の論文では、場の量子論の手法を構想する節を単独で執筆している。

ハイゼンベルクは、この2人よりも遥かに野心家だった。自分たちの研究が、従来の自然観を一新する革命的な内容だとの強烈な自負心を抱いたようだ。やがて、その考えを専門家以外に向けてたびたび発信するようになる。

地球を周回する人工衛星は、大気との摩擦でエネルギーを失うと、らせん軌道を描いて地表に落下する。しかし、水素原子において、高いエネルギー状態にあった電子が電磁波を放出して低いエネルギー状態に遷移する場合、らせん軌道にせよ他のどんな軌道にせよ、何らかの軌道を描くと仮定する理論を作ることはできなかった。この「軌道を決められない」という曖昧な状況を、ハイゼンベルクは、「自然界には、軌道を確定することができないという原理がある」と前向きに解釈した。

シュレディンガー流の波動力学ならば、「電子は本当は波であり、２つに分かれた波が合流することもあるのだから、軌道を決められない」と解釈できる。だが、ハイゼンベルクは、軌道を決められない物理的なメカニズムを明らかにする方向には進まなかった。電子は粒子として扱えるという前提を崩さないまま、「位置と運動量は不確定だ。軌道は決められない。なぜなら、それが自然界の原理だからだ」と主張したのである。私には理解できない主張である。

ハイゼンベルクの顕微鏡

ハイゼンベルクの発想法がはっきりと見て取れるのは、不確定性原理の解釈である。この解釈は、１９２７年の論文で示された。[*3]

＊３―次の日本語訳で読むことができる。ハイゼンベルク著「量子論的な運動学および力学の直観的内容について」（河辺六男訳）、『世界の名著66　現代の科学２』（中央公論社）所収。

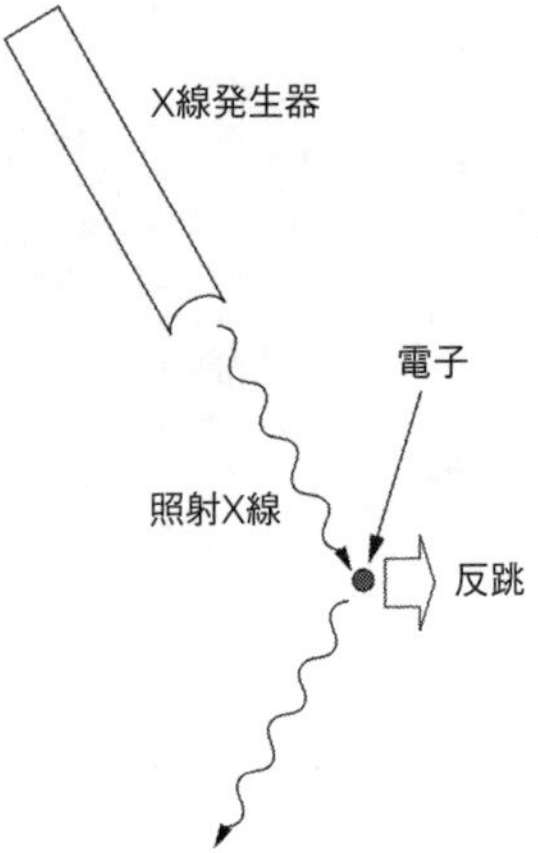

図5-1　ハイゼンベルクの顕微鏡

ごく簡単に説明しよう。きわめて微小な粒子の位置を測定する場合、誤差を小さくするためには、通常の光学顕微鏡のように可視光線を用いるのではなく、X線やガンマ線のような波長の短い光を使わなければならない。ところが、こうした短波長光は、大きな運動量を持っている。光子には質量がないが、光が当たると暖かくなることからわかるようにエネルギーを運ぶことができ、同時に、エネルギーと対になる物理量である運動量を持つ。電子の位置を正確に測定しようとしてX線を照射すると、大きな運動量を持つ光子が衝突するので、たとえ事前に運動量を測定していたとしても、X線の照射で弾き飛ばされた電子の運動量はわからなくなる(図5－1)。

電子の位置測定で誤差を小さくしようとする

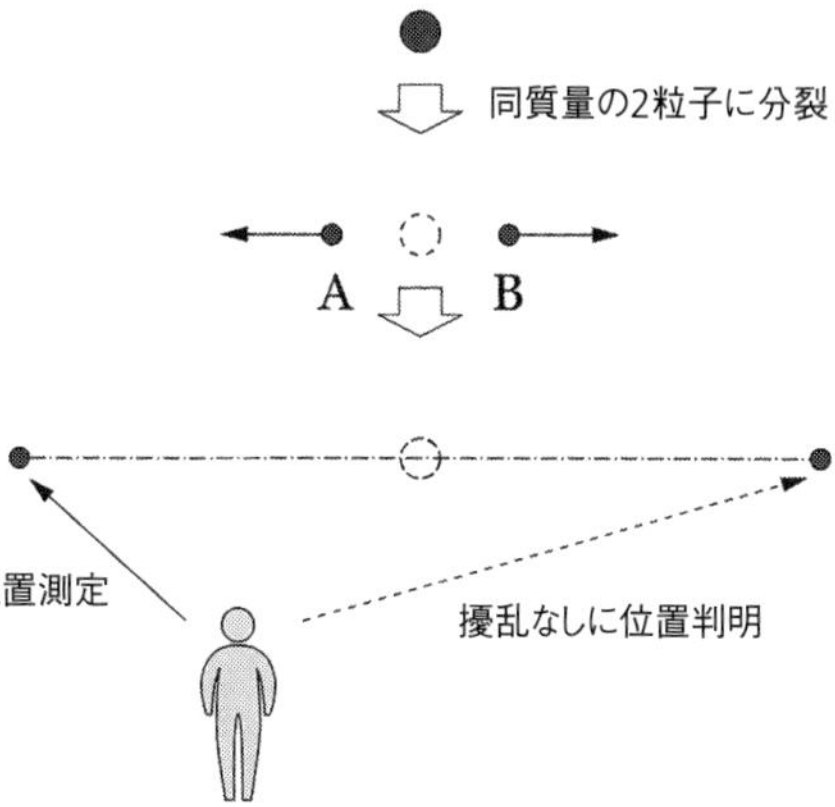

図5-2　擾乱のない測定

と、その代償として運動量が擾乱《じょうらん》される。この相反関係が不確定性原理の意味するところだという解釈は、不確定性原理を、誤差と擾乱の関係と見なすことに相当する。

　しかし、この説明がおかしいという批判は、当初からあった。例えば、位置が正確に測定できている粒子が、同じ質量を持つ2つの破片AとBに分裂したとしよう。元の粒子の位置が重心になるので、一方の分裂片Aの位置を測定すれば、他方の分裂片Bは重心に関して点対称の位置（重心から逆方向・等距離の位置）にあると直ちに判明する（図5－2）。このとき、Bには物理的な作用を加えていないので、位置が正確に判明したのにBの運動量は擾乱されていない。では、このケースで不確定性原理は破れるのか？

現実には、不確定性原理が破れることはない。不確定性原理を表す理論的な数式は、ボルンが発見した交換関係だが、量子論の精密実験が行われる分野で、交換関係が成り立たない現象は知られていない。

一方、誤差や擾乱は、交換関係の式と直接結びつけられる量でないことがわかっている。したがって、この2つが相反的でないケースがあるからと言って、理論に抵触することはない。粒子が分裂するケースでは、運動量を乱さずに位置を確定できても、同時に運動量の測定を行ったわけではないので、不確定性原理は破れていない。

ハイゼンベルクは、誤差と擾乱の関係こそ不確定性原理の意味するところだという解釈にかなりこだわり、批判された後も一般向けの書物で同じような主張を繰り返した。このため、専門知識を持たない哲学者など一部の人は、いまだにその解釈を信じているかもしれない。だが、少なくとも理論物理学者の中で、ハイゼンベルクの解釈を本気で信じる人はいないはずである。

ボーアの方法論を継いだハイゼンベルク

ハイゼンベルクの研究の仕方は、少しボーアに似ている。数学的な厳密さをあまり気にせず、さまざまな数式を組み合わせては、現象をうまく記述できるかどうかを試すのである。

原子核を構成する陽子と中性子の間でどのような相互作用があるかを論じる論文では、中性子が電子を放出して陽子に、陽子が電子を吸収して中性子に変わるという過程を想定し、電子を交換することで引力が作用するのではないかと論じたが、物理学的・数学的に見て明らかに誤っている。電子の代わりに中間子という新しい素粒子を導入することにより、この誤りを正したのが１９３５年に発表された湯川秀樹の中間子論である。この業績で湯川は、１９４９年に日本人初のノーベル賞を獲得した。

また、ハイゼンベルクは、陽子と中性子の物理的性質が似ている点に着目し、２つをセットにして式を立てる手法を開発したものの、そこから先に進むことができなかった。彼の行き詰まりを、群論の手法を用いて鮮やかに打開したのが、ユージン・ウィグナーによるアイソスピンの理論（陽子と中性子を同じ素粒子の異なる状態として扱う理論）である。ところが、謙虚なウィグナーが、アイソスピンのアイデアはハイゼンベルクに由来すると論文で書いたため、この理論をハイゼンベルクが発案したと誤解する人が少なくない。

ハイゼンベルクは、何かを思いつくとすぐに論文を書くタイプである。慎重に熟考し完成形のみを発表するパウリのような学者とは真逆である。論文に少し足りないところがあるとしても次々と書いてくれたおかげで、他の物理学者に刺激を与え、結果的に物理学の進歩に資するところが大きかった。ただ、そのせいで、やや過大評価される気味がある。

ハイゼンベルクがこうした方法論を身につけたきっかけは、１９２２年にボーアのレクチャーに出席したことが大きいだろう。ボーアは、人間の知的能力には限界があり、物理現象の本質を直観的に見抜くことはできないと考えていた。物理の本質はこうだという信念を持ち、それを指導原理として体系的な理論を構築することは、人間の分を超えたやり方である。そうではなく、問題をさまざまな方向から多面的に検討し、必ずしも一貫性のない式を立てながら、それらを組み合わせることで現象を記述するのを良しとした。

ボーアの薫陶を受けたハイゼンベルクは、その方法論を受け継いでいる。彼は、物理学の目標として、物理現象の根底に隠された本質を直観的に理解できるようにすることではなく、観測可能な物理量の関係を記述することに重きを置いた。例えば、「原子が特定のエネルギー状態にあるとき電子がどのような運動をしているかは、人間には語り得ない」という考えである。こうした方法論は、物事の本質を探求したアインシュタインやシュレディンガーのやり方とは、大きく異なる。そのせいだろう、ボーアがアインシュタインの考え方を批判したのと同じく、ハイゼンベルクもシュレディンガーの波動力学を論駁しようと躍起になる。

イメージを重視したシュレディンガー

シュレディンガーの強みは、第一次世界大戦のためなかなか教授職に就けなかったせいもあって、いろいろな分野で研究を重ねたことだろう。そのおかげで、原子物理に偏らない広範な科学的知識を身につけ、本質を見抜く洞察力を養うことができた。

彼の波動力学は、水素原子のエネルギーが、整数で指定されるとびとびの値になるという観測事実を出発点とする。これにド・ブロイによる物質波のアイデアを突き合わせると、原子内に定在波が形成されるというビジョンが成立する。波に関する知識があれば、エネルギー状態を指定するための整数（量子数）nを、定在波のモードを表す節の数と結びつけることも容易だろう。シュレディンガーは、こうしたビジョンを導きの糸として、水素原子のエネルギーやド・ブロイの物質波の理論と合致するような波動方程式を割り出したと推測される。

この推測が正しいならば、シュレディンガーは、データに示される規則性を手がかりとして、物理現象の根底にある本質を直観的に思い描き、これを指導原理として数式を整えていくタイプの物理学者と言える。こうした発想法は、ウィーンが導いた光の統計的性質から光量子論を構想したアインシュタインと類似し、さまざまな思いつきを試してみるボーアやハイゼンベルクとは異質である。

ボルン＝ヨルダン＝ハイゼンベルクの行列力学は、原子が整数で指定される状態になることを前提として組み立てられた。確かに、ハイゼンベルク方程式を解けば、整数で指定される安定な状態の存在は確認できるが、「なぜ安定状態が整数で指定されるのか」という根本的な問いに端的に答えることはできない。波動力学における「定在波の節の数」のような直観的に理解できる整数は存在しないのである。

　このような差違があることから、シュレディンガーは、自分の波動力学とハイゼンベルクらの行列力学が数学的に同等であることを示す論文の中で、研究を始めた当初は両者の間に関係があるとは思ってもみなかったと語った。さらに、行列力学のやり方が、数学的に非常に難しく明瞭性（Anschaulichkeit）に欠けていることから、「反発を感ずるとはいわないまでも、いささか怖じ気を起こす」とまで記している。[*4]

　彼は、波動力学という自分のアイデアがいかに革新的か自覚していた。この理論を提出した一連の論文の冒頭で、状態を指定する整数の存在をあらかじめ前提としなくても量子論が扱えると宣言し、自分のやり方が「量子化の手続きの本質に深く触れるものであると私は確信している」と述べた。ボルンの手法では、まず量子数nで指定される状態を仮定した上で、量子数の異なる状態間でどのような遷移が起きるかを調べることになる。しかし、シュレディンガーの波動力学は、そもそも状態がなぜ量子数で指定できるかを明らかにしたのである。

　波動力学のメリットは、具体的な計算を行う際のわかりやすさに現れる。定在波という具体的なイメージがあるので、何を計算しているのか見通しが良く、どのような手順を採れば問題が解決できるか方針が立てやすい。水素原子のエネルギーを求める際にも、微分方程式を解くという数理科学者にはよく知られたやり方を使うことができた。

ところが、ハイゼンベルクらが開発した行列力学は、計算しようにも方向性が見えにくい。最終的な到達地点が判然としないため、どんな式を立てれば良いか迷ってしまう。実際、行列力学の形式が完成された後も、ボルンやハイゼンベルクは水素原子のエネルギーを自分たちの力だけでは計算できず、飛び抜けた数学的才能の持ち主だったパウリの助けを借りなければならなかった。

自分たちが膨大な計算の中で迷子になってしまったのに、遅れてやってきたシュレディンガーは易々《やすやす》と問題を解いてしまった――そのことが、ハイゼンベルクを一層攻撃的にしたのかもしれない。

シュレディンガー批判とその帰結

シュレディンガーは、原子内に定在波が形成されることを正しく洞察したが、その波と観測される電子との関係を見誤り、波動方程式の解を電子そのものだと解釈した。しかし、波動方程式の解は原子の外部で粒子としてのまとまりを保つことができず、形が崩れてしまう。ハイ

＊4―『シュレーディンガー選集1―波動力学論文集―』（湯川秀樹監修、共立出版）P.71の脚注。

ゼンベルクはこの点を厳しく指弾した。

興味深いことに、ハイゼンベルクの盟友と言えるパウリの反応は、少し違っていた。シュレディンガーの論文が出た直後の１９２６年４月にヨルダンに宛てた書簡で、「最近書かれた最も重要な論文の１つ」と評価し、念入りに読むようにと勧めた上で、自分自身でも、シュレディンガー方程式に基づいた計算をいろいろと行っている（パウリの行為がどんな成果を生んだかは、次の第６章で取り上げる）。また、１９２９年にハイゼンベルクとの連名で発表された場の量子論の論文では、タイトルに「波動場（Wellenfeld、英語で言えば wave field）」という用語を使っており、シュレディンガーの自然観との親近性を感じさせる。

もっとも、パウリはハイゼンベルクと違って、一般向けの解説をあまり書こうとはせず、あくまで専門的な議論にしか興味を示さなかった。このため、波動力学の評価としては、ハイゼンベルクの批判とシュレディンガーの自説撤回という面ばかりが目立つ結果となってしまった。

１９２７年にシュレディンガーが「電子は波だ」という主張を撤回したため、根底にある実体をイメージせずに現象の記述に徹するのを良しとするハイゼンベルクの方法論が、量子論の主流と見なされるようになる。こうして、波動力学から波動一元論的な自然観を取り除き、計算結果が行列力学と同等になる形式的な理論だと見なすことで、両者を統一した「量子力学」が成立した。交換関係を基礎として演繹的に体系を構成する行列力学由来の手法は、量子論を扱う最も正統的な手法として、しばしば「正準量子化」という大仰なネーミングで呼ばれる。

しかし、この時点で量子論が完成の域からほど遠かったことを、正しく認識しなければならない。１９２０年代半ばには、量子論は光と電子に関する理論として研究されていたが、光に関しては、エネルギーがｈνの塊になるというアインシュタインの光量子論から大して進歩していなかった。また、電子の量子論は、水素原子のエネルギーを理論的に導ける段階に達したものの、「電子の正体は何か？」という問いには答えが示されなかった。ハイゼンベルクは、電子を位置と運動量で記述される粒子として扱いながらも、その実体は語り得ないという立場を貫いているため、この問いに答えようとしない。むしろ、答えなかったからこそ、批判されずに長く受け容れられたとも言える。

光と電子の性質には、類似点が少なくない。どちらも、エネルギーの塊であるかのように振る舞うことがあり、粒子として扱われる場合も多い。しかし、その振る舞い全体を眺める観点からすると、光はマクスウェル方程式、電子はシュレディンガー方程式という波の方程式に従う。光も電子も、粒子性と波動性を併せ持つようだ。

とすると、波動力学や行列力学はまだ建設途上の量子論であり、光と電子を統一的に扱う真の量子論が作れるのではないか？　この課題にチャレンジしたのが、人間の知的能力に関する哲学的な議論よりも物理現象の明快な説明を好む、ディラックやヨルダンのような物理学者たちだった。

ただし、ディラックとヨルダンでは、自然に対する見方が大きく異なっていた。ごく大ざっぱに言えば、ディラックが、世界の構成要素は粒子だという原子論を展開したのに対し、ヨルダンは、あらゆる物理現象の根底に波動があるという場の理論を主張したのである。

第６章　ディラックvs.ヨルダン

光と電子を統一的に扱う方法論として、１９２０年代終盤に２つのアイデアが提出された。１つは、ディラックによる第２量子化の手法、もう１つが、ヨルダンによる場の量子化の手法である。

ディラックが原子論者だったせいもあり、第２量子化の手法は、素粒子を原子論的に扱うものだった。ポイントだけ紹介すると、物理現象の根底にあるのは電子や光子などの粒子であり、これらが真空中を自由に運動する途中で、エネルギー量子の生成・消滅によって状態変化を起こすという考え方である。この考えに基づいてディラックが開発した手法は、新粒子探索のような素粒子実験への応用に便利なこともあって、提唱されてから数十年にわたり、実験家と理論家がともに利用する便利なツールとされた。

ただし、現在の知見によれば、こうした原子論的な素粒子描像が通用するのは、ごく一部の現象――後で説明するように「摂動論近似が成り立つ過程」――に限られる。このケースに限って、素粒子は粒子のように振る舞うのであり、それ以外の多くの現象は、素粒子が粒子だとイメージするとどうしても理解できなくなる。

場の理論の手法ならば、原理的には、どのようなケースにも適用できる。ヨルダンが提案した場の量子化の立場からすると、素粒子とは、場がエネルギーを得て激しく振動する状態と見なされる。素粒子同士の反応では、場の間でエネルギーのやりとりが行われ、それぞれの場の振動状態が変化する。このように、具体的なイメージを思い描く際には、場の理論の方がわかりやすい。

もっとも、ヨルダンの提案から数十年にわたって、場の量子論は何か根本的な欠陥を抱えたダメ理論だという見方が強かった。具体的な過程に応用しようとすると、たちまち計算が破綻をきたしたのである。ある過程に関して積分計算を行おうとしても、結果が無限大になって収束しない。

こうした欠陥は、その後の研究を通じて段階的に取り除かれていく。まず、１９４０年代に、朝永《ともなが》振一郎らによるくりこみ理論で、積分が発散するという最大の障害を回避する方法が示された。さらに、１９６０年代にかけて、ヤン＝ミルズ理論、対称性の破れの理論、くりこみ群の理論など、実験・観測によるデータを再現できる新たな理論が次々と生み出され、場の量子論が決してダメ理論ではないことが判明した。

この第６章では、素粒子論に対する見方が原子論から場の理論へと変わっていく過程を見ていくことにしよう。

振動する〝何か〟

光と電子を同じ手法で扱う量子論を開発するためには、何が必要なのか？　ディラックとヨルダンは、それぞれ独自のルートをたどって、空間内部に広がって振動する〝何か〟を量子論で扱うべきことに気がついた。

電磁場のエネルギーがｈνの塊になるのは、電磁場が振動することの直接的な帰結だと考えられる。このことは、光量子論を考案したアインシュタインも自覚しており、同じ手法を結晶内原子の振動にも適用している。ただし、彼は振動とエネルギーの量子化を結びつけるメカニズムを解明することまではできなかった。

光量子の謎を解明する手がかりが見えてくるのは、１９１０年代になってからである。この頃、光量子の振る舞いが、フックの法則（弾性力が変位の大きさに比例するという法則）に従うバネにおもりを取り付けたもの——物理学の用語を使えば、「調和振動子」——を量子論で

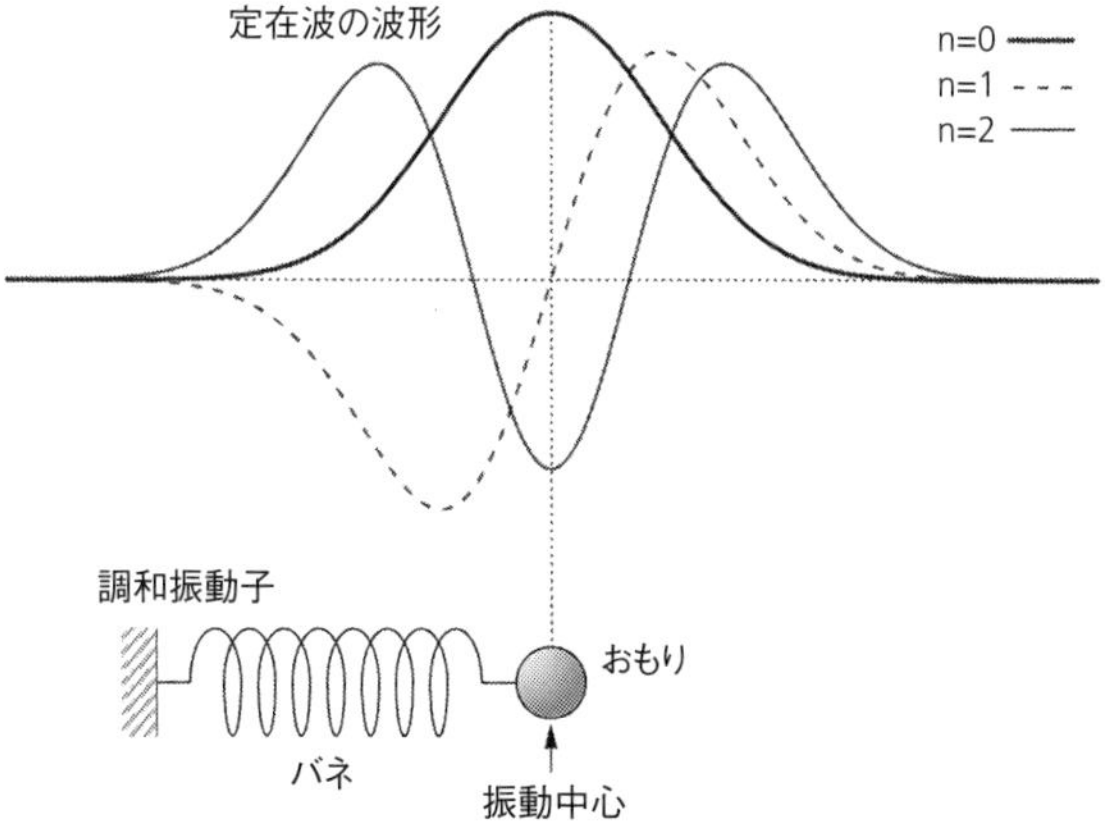

図6-1　調和振動子の定在波

扱ったときの状況に類似することが明らかにされた。

後知恵を使った説明になるが、ここでは、波動力学のイメージを利用させてもらう。おもりは、バネの力で引き戻されるため、振動中心となる釣り合いの位置からどこまでも遠ざかることができない。したがって、この運動を波動力学で扱うと、波が釣り合いの位置付近に閉じ込められることになるため、閉じ込められた波の一般論に従い、節の数を表す整数nで振動パターンが指定される定在波が形成される（図6－1。波形が、51ページの図2－4に記した基本振動～3倍振動に似ていることに注意）。定在波のエネルギーは、節の数ごとに異なった離散的な値になり、シュレディンガー方程式を使って計算すると、nがゼロのときを基準としてh νのn倍と求められる。

ただし、光量子は、単にエネルギーがｈνになるだけでなく、３次元空間の中を動き回るという特徴がある。これは、振動する何かが３次元空間内部で広がりを持っており、バネのように同じ地点で振動を繰り返すのではなく、振動が波となって伝わることを意味する。それでは、何が振動しているのだろうか？　この点に関して、ディラックとヨルダンは、全く異なる考え方をした。まず、ディラックから見ていこう。

電子と光子は粒子である

ディラックの第２量子化の議論は、１９２７年に発表された光の放出と吸収に関する論文に始まる。その後、１９２８年にディラック方程式に基づく相対論的な電子論を考案し、１９３０年代に入ると、光と電子を統一的に扱う量子論を構想した。これらの議論を、数学的な厳密性を気にせずにざっくりと捉えると、次のようなステップで組み立てられていることがわかる。

1. 物理現象の根底には粒子が存在する。
2. 粒子の状態は、空間内部に広がった波動関数で表される。
3. 波動関数を〝量子化〟すると、相互作用が生成・消滅の過程となる（第２量子化）。

4. あらゆる物理現象は、粒子の自由運動と生成・消滅過程の組み合わせとなる。

シュレディンガーの波動方程式は、もともと、電子そのものを記述するものとして考案されたが、後にこのアイデアは撤回され、波動方程式の解は、電子の量子論的な状態を表す関数と見なされた。この関数が「波動関数」で、ある位置に電子が存在する確率を求めるのに利用できる。

ディラックは、この手法を光に適用した。具体的には、マクスウェルによる古典的な電磁気学で電場・磁場の基になる量とされる電磁ポテンシャルを、光子の波動関数と考えたのである（あらかじめ断っておくと、この考えは、現在では誤りとされる）。

粒子を量子論で扱う場合、粒子の位置と運動量に交換関係を課すという形で量子化を行う。交換関係を課すと、そこから不確定性原理が自動的に導かれる。これが、ハイゼンベルクらが開発した行列力学の基本的な方法論で、正準量子化と呼ばれるやり方である。この方法論において、波動関数は、量子化した粒子の振る舞いを記述するためのツールでしかない。ところが、ディラックは、粒子の量子論的な振る舞いを記述するはずの波動関数を、改めて量子化したのである。「第2量子化」と呼ばれるゆえんである。

電磁ポテンシャルはマクスウェル方程式に従って調和振動子とよく似た振動を行うので、これを光子の波動関数と見なして量子化すると、光子のエネルギーが$h\nu$の塊となる。前節で述べた「振動する〝何か〟」は、ディラックの議論では波動関数のことである。

ディラックは、自身が開発した数学的手法を自在に活用した。波動関数を量子化する際には、非可換数という「積の順番を変えると答えが変わる数」を使っている。最終的に得られた結論は、素粒子反応を解析するのに適した形式をしており、実験家でも理解できる。しかし、この結論に到達するまでの議論はひどく錯綜《さくそう》しており、多くの物理学者を混乱させた。

なぜ波動関数を量子化するのか理屈がよくわからない上に、新規な数学的手法をふんだんに使っていたため、ディラックの論文は、どうしようもなく難解（と言うより、ほとんど理解不能）だった。当時、京都大学で最先端の量子論を勉強していた湯川秀樹と朝永振一郎も、この難解さに苦しめられた。湯川は「ディラックの論文を読むと腹が立つ」と言い、朝永は「ディラックの論文を読むと悲しくなる」と語ったとか。[*5]

天才ディラックの華麗なテクニック

20世紀最高の物理学者は誰かと問えば、ほとんどの人がアインシュタインと即答するだろう。相対論や量子論の分野で成し遂げた業績は圧倒的で、間違いなく現代物理学におけるヒーローである。

それでは、20世紀で2番目の物理学者は？　物理学に詳しい人に訊ねれば、リチャード・ファインマンとかスティーヴン・ホーキングなど、いろいろな名前が挙がるだろうが、私ならディラックと答える。

彼ほど、〝天才〟の称号がふさわしい物理学者はいない。並の学者の論文なら、執筆された当時の状況や関連文献をたどることで、著者がどのような発想で課題に取り組んだか、おおよその思考過程が推測できる。しかし、ディラックの論文となると、どうやってこんなとてつもないアイデアを思いつけたのか、想像もつかない。

電子の相対論的な方程式（いわゆるディラック方程式）をはじめ、デルタ関数、磁気単極子、生成・消滅演算子、巨大数仮説、多時間理論などのアイデアを次々と考案した。ハイゼンベルクの中途半端な論文を読んですぐ交換関係の式を導き出しただけでなく、ボルンが行列計算の段階にとどまったのに対して、非可換数を用いた新たな数学的手法を開発した。

ディラックの発想は、抽象数学に基づくものである。頭の中で数学的なイメージを自在に操りながら、新たな理論を構築していく。わずかな数式から、一瞬で結論が洞察できるのだろう。そのせいで、私のような凡人が読むと、彼の論文はあまりに飛躍が多く、とてもついて行けな

＊5―朝永振一郎著「量子力学と私」、『朝永振一郎著作集11』（みすず書房）所収。

い。

彼の最大の業績は、ディラック方程式を見出したことだろう。電子に関する方程式としては、シュレディンガーによる波動方程式が知られていたが、これは、相対論的ではないという欠陥があった。

相対性理論とは、時間と空間を一体化した「時空」として扱う理論である。もともと1つだったものを、人間が便宜的に時間と空間に分けて考えているだけなので、本来、時間と空間は理論の中に同じ形で現れなければならない。時間の1次式と空間の2次式が混在するようでは、根源的な方程式とは言えない。ところが、シュレディンガー方程式には、こうした混在が見られるため、根源的な式の近似でしかないはずである。

シュレディンガー方程式を相対論的な式に書き換えようと、何人もの物理学者がチャレンジしたが、うまくいかなかった。実は、簡単な計算によって、ふつうのやり方では相対論と合致するように書き換えられないことが示される。並の物理学者は、ちょっと考えただけで、これは人間業ではどうしようもないと諦めてしまう。

ところが、１９２８年、ディラックがとんでもない方法を案出した。電子の状態を表す波動関数が４つの成分を持つと仮定したのである。しかもその４成分の中には、電子とは異質とも言える未知の存在が含まれていた。この４成分をうまく組み合わせた方程式を作ることで、相

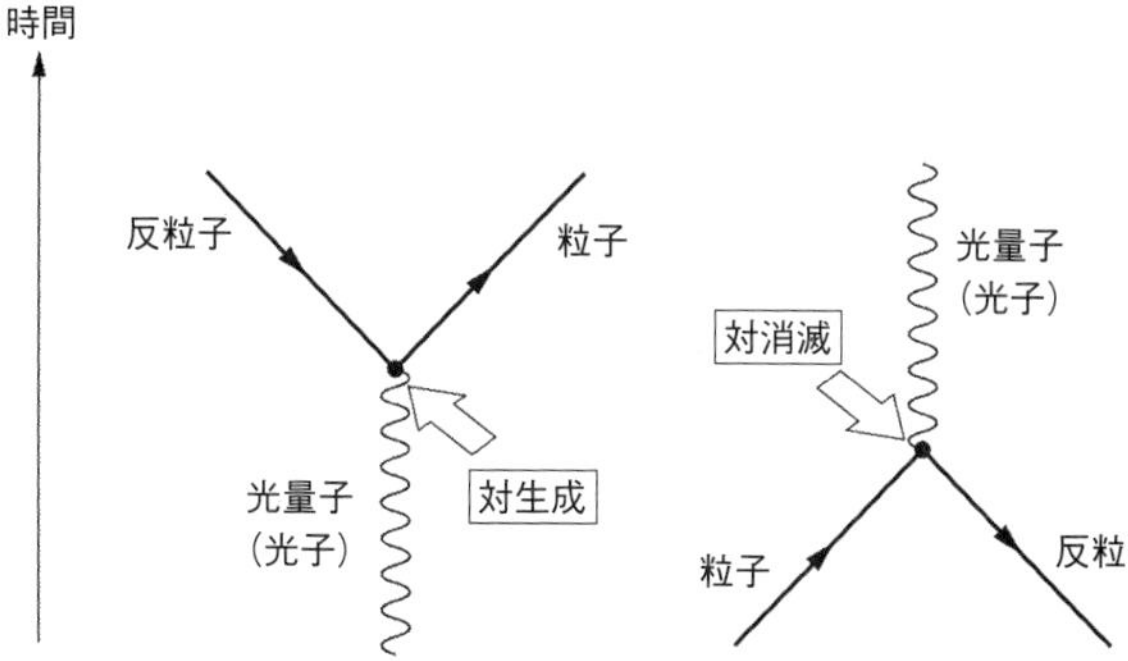

図6-2　粒子とその反粒子の対生成・対消滅

対性理論と合致させることができた。ため息が出るほど鮮やかな手法である。

ディラック方程式に含まれる4成分のうち、2つの成分が電子を表す。これ以外の2成分は、後に電子の「反粒子」に相当することが明らかにされた。反粒子とは、粒子と同じ質量と逆の電荷を持っており、粒子とぶつかると対消滅を起こして粒子ともども消え去る。対消滅の際には、光などの形で大量のエネルギーが放出される。逆に、強大なエネルギーを空間に注入すると、粒子と反粒子がペアで誕生する対生成が起きる（図6－2。反粒子は、形式的に時間の逆向きに進む粒子のように記述されるので、反粒子の動きを表す矢印は通常の粒子と逆にしてある）。

反粒子のような不思議な存在は、ディラック方程式によって初めて示されたもので、それ以前には、ＳＦ作家を含めて誰にも予想できなかった。電子の反粒子は、１９３２年に宇宙空間から飛来する高エネルギー放射線の反応を通じて発見され、陽電子と名付けられた。

生成・消滅のマジック

非可換数を用いた数学的な議論によると、電荷と電磁場の相互作用は、光量子の個数を1個増やすか1個減らすような過程となる。こうした過程は、ディラック自身が考案した生成・消滅演算子を使うと、まるでマジックのように、わかりやすい直観的表記にまとめられる。

演算子とは、具体的な数式計算を「数式に対する作用」として1つの記号でまとめて表したもの。例えば、振動を表す式において、「振幅が2倍の波に変換する演算子」は、「全体に係数2を掛ける」という作用を表す。加減乗除の他、微分や積分、変数変換などの作用をする演算子が定義できる。ディラックが提案した生成・消滅演算子は、エネルギー状態を表す関数を変形し、エネルギー量子hνの個数が増減した関数に変える作用を表す。

電荷と電磁場の相互作用は、マクスウェルの電磁気学で電流と電磁ポテンシャルの積の形で表されるが、これを非可換数の性質を基にして変形すると、光のエネルギー量子（光量子）を1個だけ増減するような生成・消滅演算子を含む式として表される。

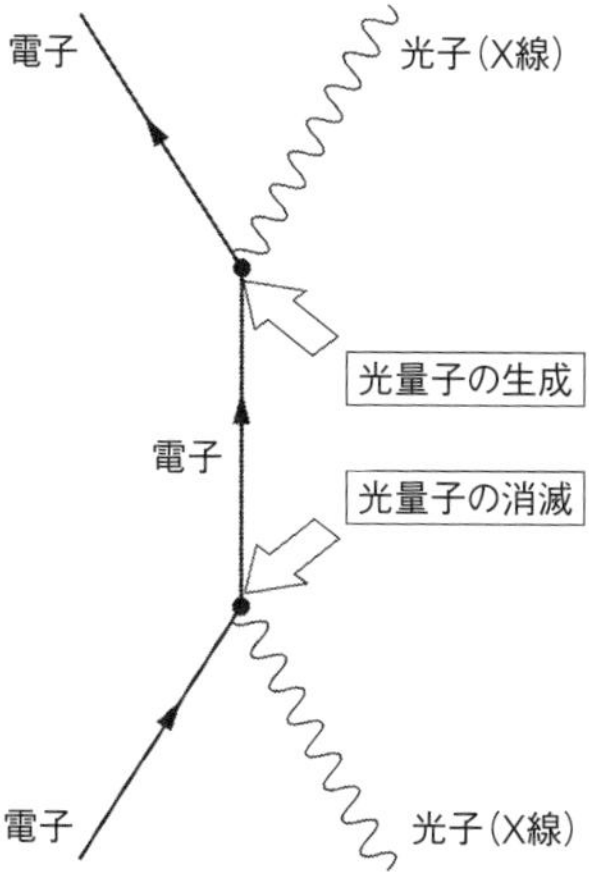

図6-3　コンプトン散乱

電荷として電子を考えることにしよう。電子と電磁場がどのように変化するかを表す方程式は、電子または電磁場だけが存在して自由に振る舞う部分と、エネルギー量子の個数が1個だけ増減する相互作用の部分を併せたものになる。ディラックは、まず相互作用がないと仮定したときの解を出発点にして、相互作用の効果を小さな補正として段階的に加えていくことを考えた。このようなやり方は、数学で「摂動論」と呼ばれる計算手法である。

　摂動論に基づいて記述される光と電子の振る舞いは、デモクリトスによる古典的な原子論の現代版とも言うべき様相を呈する。出発点になるのは、電子と電磁場の相互作用がないとした場合で、定まった個数の電子と光子が真空中を自由に飛び回っている。摂動論に基づいて補正項を付け加えると、時折、電子と光子が瞬間的な相互作用を行う。その結果、電子からエネルギーをもらって光のエネルギー量子が1個増えるか、あるいは、電子にエネルギーを与えて光のエネルギー量子が1個失われるか、いずれかの変化が生じる。ディラックのアイデアによれば、こうした瞬間的な相互作用をどこまでも付け加えていくことにより、現実の電子と電磁場の振る舞いが再現できるという。

例えば、X線の光量子を吸収して一時的に高エネルギー状態になった電子から、元のX線と振動数の異なる光量子が放出される「コンプトン散乱」は、図6−3のように表される。

「ディラックの海」

ディラックが徹底した原子論者であったことは、電磁気の相互作用に関する独特の解釈に見て取れる。彼は、電荷と電磁場の相互作用があっても、光子の個数が変化しないと仮定した。生成・消滅演算子の作用は、光子が持つエネルギーの変化を表すのである。例えば、光の放出と吸収に関する論文では、原子が光を放出する過程について、光子が「(エネルギーの)ゼロ状態から物理的に明確な状態へと飛躍し、その結果、あたかも生成されたかのように見える」と記している。

この文章をそのまま受け取ると、真空には、エネルギーゼロの光子がぎっしり詰まっていることになる。この光子が荷電粒子との相互作用でエネルギーを獲得すると、有限のエネルギーを持ち人間に観測できる光子に変化する。あたかも、新しい粒子が生まれたかのように。

電子の場合になると、原子論的なディラックの解釈は、さらに過激になる。相対論的な波動方程式であるディラック方程式の４成分のうち、通常の電子以外の２成分は、式の上では負のエネルギーを持つように見える。後にパウリらが反粒子と解釈するこの状態を、ディラックは、真空中にマイナスのエネルギーを持つ電子が詰まった状態と見なした。マイナスエネルギーの電子が詰まった真空が、光瀬龍の小説『百億の昼と千億の夜』やアニメ『新世紀エヴァンゲリオン』などのＳＦ作品にしばしば登場する「ディラックの海」である。

真空中の電子に充分なエネルギーが供給されると、プラスのエネルギーを持つ電子として飛び出す。その一方で、マイナスエネルギーの電子が抜けたことにより、真空には孔《あな》が残る。ディラックは、この孔が観測された陽電子（電子の反粒子）だと考えたのである。

奇抜なものが多いディラックの議論の中でも、「ディラックの海」に関する主張は、あまりに突拍子もないものだった。かなり早い段階から、パウリとハイゼンベルクが手紙を介してこの理論に関する意見を交換しており、特にパウリは、はっきりと否定的な見解を述べている。１９３３年のソルヴェイ会議では、ディラックの講演に対して、ボーア、パウリ、ハイゼンベルクらが次々と厳しい批判意見を述べた。

結局、量子論最大の奇想とも言うべき「ディラックの海」のアイデアは、実質的に葬り去られる。生成・消滅演算子に関しては、何を生成・消滅するかという点に関して解釈が曖昧なまま、便利なツールとして使い続けられた。

ディラックの手法の限界

ディラックの理論は、素粒子が現実に粒子であるという観点から組み立てられている。彼の摂動論によると、電子・光子などの振る舞いが、「自由に飛び回る途中で、時折、エネルギー量子の生成・消滅過程によって状態変化を起こしている」かのように記述される。「真空に全個数が一定となる素粒子が詰まっている」というディラック独自の見方が否定された後も、「エネルギー量子の生成・消滅過程」を「素粒子が生まれたり消えたりする過程」と読み替えることで、摂動論的な記述が現実の素粒子現象をリアルに表すと解釈する人もいる。しかし、摂動論をそこまで信用してはならない。

摂動論の出発点は、素粒子現象がどのように生起するかを表す式において、相互作用のない自由運動の部分と、生成・消滅演算子で表される相互作用の部分を、分けて扱うことである。電磁気現象に関しては、一定の範囲でなら、こうした分割が正当な近似になることが確かめられる。しかし、一般的な素粒子現象に関して、この2つの部分を分けることは意味がない。両者は一体になって1つの現象を引き起こすのであり、自由な運動と生成・消滅過程を分けてしまうと、近似にすらならないのである。

例えば、原子核内部で陽子と中性子を固く結合させる核力に関しては、摂動論が全く近似にならないことが知られている。もし摂動論近似が成り立つならば、核力は、「自由に飛び回る陽子や中性子のうち、一方が中間子を放出し他方が吸収するという中間子の交換過程を介して及ぼされる引力」と説明することができる。しかし、現実には、中間子の交換によって核力が生じるという考えは、理論的にも実験的にも支持されていない。

現実の陽子や中性子は、クォークとグルーオンという2種類の素粒子から構成された複合粒子である。その内部には、クォークと反クォーク（クォークの反粒子）のペアやグルーオンの塊がベッタリと凝縮しており、そもそも自由に飛び回る素粒子など見当たらない。核力は、凝縮した内蔵物が外側にしみ出すことによって生じる力であり、自由な粒子と生成・消滅過程の組み合わせとは見なせない。同じように、クォーク同士の引力も、クォーク・反クォークのペアやグルーオンの凝縮によってもたらされており、グルーオンの交換による力ではない。

核力だけではない。素粒子が質量を獲得するヒッグス機構やゲージ対称性（素粒子が従う数学的な性質）の破れと呼ばれる過程も、摂動論の埒外《らちがい》である。ディラックによる摂動論的な議論が通用するのは、一部の電磁気現象か後で説明するベータ崩壊などの限られた素粒子反応しかない。「あらゆる物理現象の根底には粒子があり、これが自由に飛び回りながら、時折、生成・消滅過程によって変化が生じる」という現代版の原子論では、世界を理解することはできないのである。

電子と光子は波動である

原子論者だったディラックとは全く異なるビジョンを提案したのが、ヨルダンである。彼は、ディラックよりも早く電磁場の量子論を構想していた。１９２５年に発表されたボルン＝ヨルダン＝ハイゼンベルクの連名論文は、ボルンとヨルダンの下書きにハイゼンベルクが手を加えるなど、大部分が３人の協力の下に完成されたが、最後の第４章§３は、ヨルダンが単独で執筆したことがわかっている。この部分には、場の量子論の端緒となる内容が含まれる。

　マクスウェル方程式によると、電磁場は調和振動子とよく似た振動をするので、近似的に無数の調和振動子が連結されたものとして扱うことができる。振動数νの調和振動子を量子論で扱うと、すでに述べたように、エネルギーはｈνの塊に量子化される。そこでヨルダンは、いくつもの調和振動子が互いに連結されたシステムにおいて、エネルギー量子ｈνが伝わる可能性を考察し、こうしたモデルに基づいて「波動場の量子力学」が開発できると結論した。波動場とは、電磁場のように波が生じる場のことで、ヨルダンは、この用語を以降も繰り返し使用した。パウリとハイゼンベルクによる場の量子論についての大論文でも、タイトルに用いられている。

　場の量子論へと向かうヨルダンを後押ししたのが、パウリである。波動力学に関するシュレディンガーの論文が発表された直後、パウリはヨルダンに、この論文を熟読するように勧めたが、ヨルダンは、その通りに実行したに違いない。波動力学の弱点がどこにあるかを正しく認識し、どの点を改良すべきかを考え抜いた。

　ヨルダンは、1927年から28年にかけて、まず単独で、ついで、それぞれオスカル・クライン、パウリ、ウィグナーを共著者として論文を執筆し、場の量子論の基礎を作り上げた。その内容は、シュレディンガー流の波動一元論をあらゆる物理現象に拡張することを目指すものである。ちなみに、朝永の回想によれば、ディラック論文の訳のわからなさに閉口していた湯川が、「こんなものを見つけた」と興奮して持ってきたのが、ヨルダン＝クラインの論文である。

　これらの論文は、表面的に見ると、第2量子化とよく似た形の式を使っており、ディラックの二番煎《せん》じのように思われることもあった。だが、中身を理解すれば、ディラックの自然観とは根本的に異なる立場から議論していることがわかる。簡潔に言えば、原子論から場の理論への転換である。

ヨルダンは、ディラックが常に前提した「粒子の存在」が、不必要な仮定だと見抜いた。粒子を仮定しなければ、その運動状態を表す波動関数をわざわざ導入する必要もない。「振動する〝何か〟」は、波動関数ではなく場なのである。光については電磁場を考え、電子に関しては電子場と呼ぶべき新たな場を導入すれば良い。その上で、これらの場を量子論的に扱うだけで、物理現象の記述が可能になることを示した。

ヨルダンの議論は、次のようなステップから構成される。１３４ページに記したディラックのステップと比較しながら見ていただきたい。

1. 物理現象の根底には場が存在する。
2. 場の状態は、それ自体が空間内部に広がっている場の強度で表される。
3. 場を〝量子化〟すると、相互作用が生成・消滅の過程となる（場の量子化）。
4. あらゆる物理現象は、場の波動が伝播する過程である。

何が不確定なのか

場の量子化は、ディラックの理論を借用し、場を非可換数で表し交換関係を課すことで実現される。電磁場にせよ電子場にせよ、量子化された場は、場の強度に関する不確定性原理を満たす。

バネにおもりを取り付けた調和振動子を波動力学で扱うと、おもりの位置は確定せず、バネが振動する領域に定在波となって広がる。場を量子化した場合、これと同じ現象が場の強度に関して起こる。古典的な電磁気学のような通常の場の理論では、各地点での場の強度は1つの値に確定する。しかし、場の量子論では、場の強度は1つに定まらず広がる。このとき、バネが振動するためのスペースが必要なのと同じように、場の強度が変化するスペースが必要となる。こうしたスペースがあらゆる地点に存在し、その内部に定在波が形成される。

ヨルダンは、このスペースを論文中で「抽象的な座標空間」と呼んだ。本書第3章では、「(電磁場)専用空間」という言い回しをしておいた。

場の量子論では、量子力学で粒子の位置とされたものが場の強度に読み替えられ、不確定性原理は、場の強度の不確定性に関する性質となる。したがって、場の量子論を前提とするならば、不確定性原理を巡るボーア＝アインシュタイン論争でどちらが正しかったかがはっきりする。

ボーアは、粒子の時刻とエネルギーに関する不確定性原理が存在するはずだと強引に主張した。しかし、場の量子論では、各地点における場の強度が不確定になるのであって、時刻は、どの時点の場かを指定する連続的な変数である。粒子を量子論で記述したときの位置に関する不確定性原理は、場の状態変化を粒子の運動で近似したときに、現象論的な関係式として成立するにすぎない。粒子の位置と運動量に関する不確定性原理を「普遍的な原理ではない」と主張したアインシュタインは、完全に正しい。

素粒子は場から生じる

ヨルダンが場の量子論に向かったきっかけは、光量子の起源を解明することだったが、彼は、間もなく、あらゆる素粒子が場から生じ得ることを洞察した。ごく簡単に言えば、素粒子とは、場に生じた波動が粒子のように振る舞っているものなのである。

アインシュタインは、光子という自立的な粒子が実在するのではなく、電磁場の振動エネルギーが$h\nu$の塊になるという立場をとった。ヨルダンも同じである。光子に加えて、粒子以外の何物でもないように見える電子に関しても、自立的な粒子ではなく、エネルギー量子が粒子のように振る舞うという見方を採用した。ウィグナーとの共著論文には、「物質粒子の存在は、光量子の存在……（中略）……が電磁場の量子化によって説明されるのと同様の方法で、説明されることが求められる」とある。

この見方が正しく素粒子が場から生じるのならば、生成・消滅演算子の意味もすんなりと理解できる。

量子化された場の相互作用は、ディラックの議論を援用することで、生成・消滅演算子を使って表せる。ディラックは、真空中に粒子がぎっしりと詰まっており、そのエネルギー状態の変化が生成・消滅だと考えた。しかし、場の理論では、真空中に粒子が潜んでいる必要はない。たとえ真空であっても、場は強度がゼロの状態として存在する。このことは、調和振動子のケースにおいて、振動していなくてもバネそのものは存在するのと同様である。強度ゼロの真空状態だった場は、エネルギーが供給されると、振動を始める。その結果、抽象的な座標空間（それぞれの場の専用空間）に定在波が形成され、エネルギーが$h\nu$の整数倍に制限されるので、まるで粒子が存在するように見える。

場の量子論において、生成・消滅演算子とは、何かが生まれたり消えたりするのではなく、ある場から別の場へとエネルギーが受け渡される作用を意味する。生成演算子は、エネルギーが供給されて場が振動を始めることを、消滅演算子は、他の場にエネルギーを与えて自分は振動しなくなることを表す。こうしたエネルギーの受け渡しは、エネルギー量子の増減という形で行われる。

波はどこに立っているか

場の量子論は、シュレディンガーの波動力学と比較すると、その特徴が明確になる。

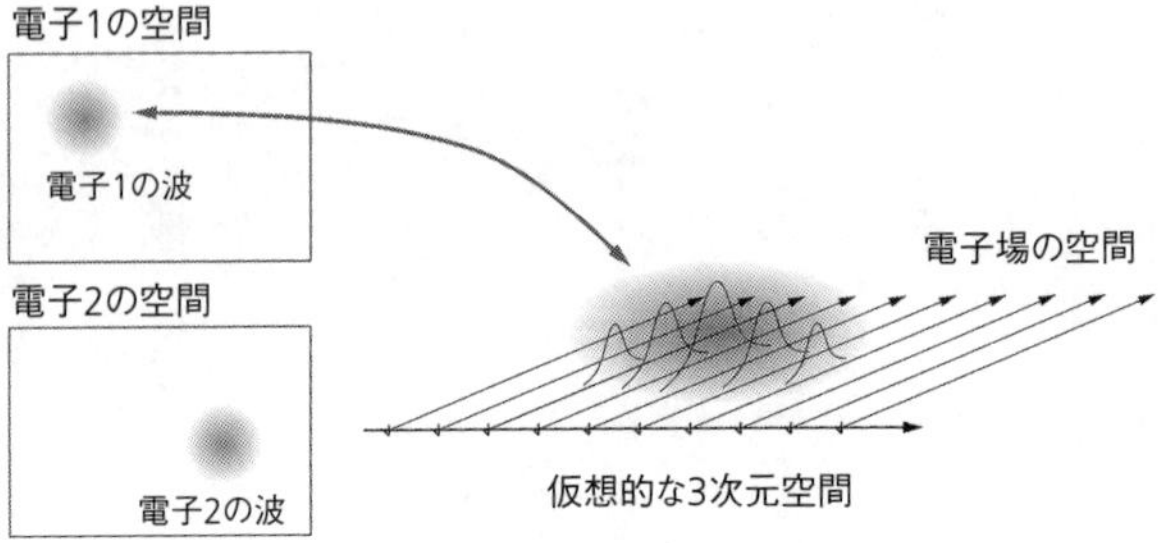

図6-4　電子場と波動関数

シュレディンガーは、当初、自分で考案した波動方程式の解が電子そのものを表すと考えたが、間もなく、この解釈が正しくないことに気がつき、自説の撤回を余儀なくされた。だが、場の量子論を援用すれば、波動力学が持つ弱点を回避することが可能となる。

シュレディンガーが最も気にしたのが、複数の電子を扱うとき、これらがあたかも別々の３次元空間に存在するかのような波動関数になる点である。ところが、場の量子論の場合、電子とは、３次元空間の各地点に存在する「抽象的な座標空間」での振動が連動し、エネルギー量子が異なる地点の空間へと伝わっていくものと考えられる。したがって、場の量子論における複数の電子は、それぞれが異なる電子場専用空間に所属していることになる。シュレディンガーは、異なる地点の空間にまたがって伝わるエネルギー量子を、３次元空間内部に存在する１個の電子として記述したため、各電子ごとに別々の３次元空間に存在するかのように表されたのである（図６－４。82ページの図３－２と比較されたい）。シュレディンガー方程式の解は、電子そのものではなく、各地点に存在する抽象的な座標空間での場の振る舞いを、３次元空間の関数を使って表した近似的な表現である。

シュレディンガーは電子を、無限に広がる３次元空間内部における１つのまとまった状態と考えた。だが、３次元空間における波動方程式の解は、時間が経過するとともに必然的に広がってしまい、まとまりのある粒子状態を維持できない。この点が、特にハイゼンベルクに批判されることになる。

実際には、電子に相当する波は、まるで空間のあらゆる地点に小さなバネが存在するかのように、電子場専用空間の連なりの中で振動している。波はこの空間内部に閉じ込められており、３次元空間の中に広がってしまうことはない。

シュレディンガーは、ヨルダンらによる場の量子論をあまり真剣に学んでいなかったようで、波動力学の弱点を克服するこうしたアイデアについて議論はしていないが、もし場の量子論をきちんと理解できたならば、どのような反応をしたか興味のあるところだ。

場の量子論はなぜ受け容れられなかったか

ヨルダンとの共同研究で場の量子論の要諦《ようてい》を会得したパウリは、１９２９年から30年にかけて、ハイゼンベルクとの連名で光と電子の相互作用に関する2本の大論文を発表する。この論文で、場の量子論の土台が完成されたと言える。ボルン＝ヨルダンによる行列力学の最初の論文が書かれてから4〜5年の間に、量子論の基礎が一気に作られた訳である。

もっとも、これだけの論文が発表されながら、物理学界で場の量子論が受容されたとは言いがたい。アインシュタインやシュレディンガーも、あまり関心を示さなかった。その理由としては、いくつかの複合的な要因が考えられる。

まず、あまりに難解で理解が困難だったことがある。ヨルダンの論文は、ディラックの晦渋《かいじゅう》な第2量子化の形式をベースにしており、その数式を多く引用しながら理論を組み立てていたので、そもそもディラックの論文で躓《つまず》いた学者には手が出なかった。パウリの論文は、いかにも頭脳明晰な彼らしく、すっきりしたそつのない構成になっていたが、それでも、大部分の物理学者にとってはハードルの高いものだったろう。

場の量子論が何を意味するか、専門外の人に理解できるような解説もほとんどされなかった。ヨルダンやパウリは根っからの理論家で、専門的な議論以外には興味がなかったようだ。一方、何事にも饒舌なハイゼンベルクは、当時、原子核の問題に気をとられていた。場の量子論の論文は、パウリと共同で執筆したことになっているものの、全編が緻密《ちみつ》な論理に支えられ、論理の破綻をものともしないハイゼンベルクらしさが見当たらない。私が読んだ感じでは、あくまでパウリの原稿に部分的な補筆をした程度で、あまり深く関わっていなかったように思える。

　さらに、場の量子論には、致命的にも見える欠陥があった。具体的な応用をしようとすると、すぐに計算結果が無限大になってしまい、答えが出せないのである。このため、場の量子論は使い物にならないダメ理論だという見方が、１９６０年代まで根強く続いた。ヨルダンやパウリもこの問題を認識しており、何とか無限大を取り除こうとして、積分計算する際に積の順番を変えてみたりといろいろ模索したが、根本的な解決策にはならなかった。

　実は、この問題は、１９２０年代に考えられたよりも遥かに奥深いものだった。１９４０年代後半に、朝永＝ファインマン＝シュヴィンガーのくりこみ理論によって、無限大を取り除く形式的な手法が開発されたが、当初は、単なる弥《び》縫策《ほうさく》でしかないと思われた。１９６０年代に、くりこみ群と呼ばれる数学的な手法で問題の根源が明らかにされ、ようやく、無限大を合理的に取り除くことが可能になった。

　理論的な整備が充分でなかったことに加えて、応用面でも、場の量子論は必要性の乏しいものだった。現在でも、それほど必要とされているわけではない。

　１９３０年代における原子物理学の最重要トピックは、何と言っても原子核反応だが、場の量子論は原子核に対して全く無力だった。原子核を１つにまとめる核力の起源として、湯川の中間子論が場の量子論の応用として提出されたものの、そこから技術開発に結びつけられる帰

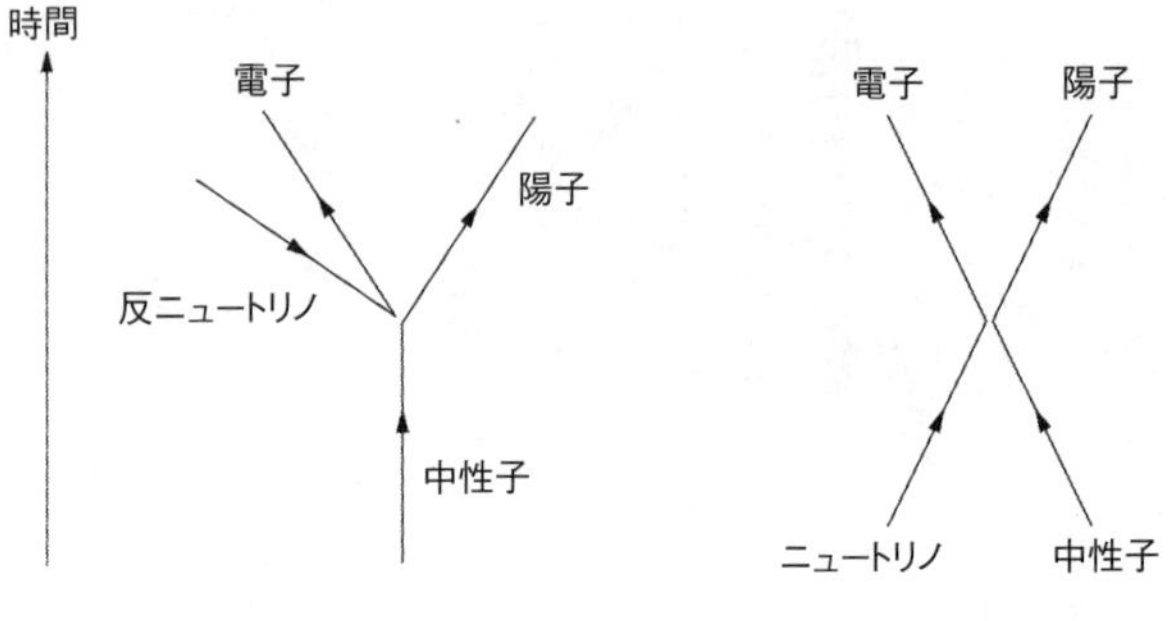

(a)中性子のベータ崩壊　(b)中性子・ニュートリノ散乱

図6-5　フェルミの理論

結は引き出せなかった。原子核について研究するには、非相対論的な量子力学と半経験的手法を組み合わせて間に合わせるしかなかったのである。

核力とは別種の核反応であるベータ崩壊に関しては、1934年にエンリコ・フェルミが提案した理論で充分だった。これは、生成・消滅演算子の手法を一般の素粒子反応に応用したもの。真空中に孤立した中性子が1回だけ反応を起こして崩壊すると仮定しており、核内の中性子のように摂動論近似の成り立たない過程を考える必要がない。生成・消滅演算子が具体的にいかなるメカニズムを表すかに拘泥《こうでい》せず、中性子が消滅し、陽子、電子、反ニュートリノ（ほとんど観測にかからない謎の粒子ニュートリノの反粒子）が生成されると仮定する（図6

－5(a)。

生成演算子と消滅演算子は、相互作用の項に同じ形で含まれるので、反粒子の生成過程があるならば、必ず粒子の消滅過程も起こり得る。粒子と反粒子を入れ替えるには、時間に対する運動の向きを反転させれば良い。中性子のベータ崩壊における反ニュートリノを反転させれば、ニュートリノと中性子が衝突して、電子と陽子に変わる反応を表す（図6－5(b)）。こうした反応は、ビッグバン直後の高温状態の宇宙で実際に起きたと考えられており、物質の誕生と密接に関係する。反応が起きる確率は、ベータ崩壊の頻度と結びつけることができるので、フェルミの理論は、場の量子論など知らない実験家にも使いこなせる簡便なツールとして利用された。

１９６０年代まで、何の役にも立たない場の量子論を研究するのは、応用に興味のない純粋な理論家、それも、最先端からやや外れた傍系の人たちばかりという状況だった。こうした状況は、１９７０年代に入って大きく変わり、場の量子論に基づく過程があらゆる自然現象の根底にあるという見方が主流になってくる。しかし、エレクトロニクスや新素材など、新たに重要性が増してきた応用分野では、やはり場の量子論の出番はなく、粒子の存在を前提とする量子力学（粒子の量子論）で間に合っている。

一般の人に場の量子論があまり知られていないのも、当然なのかもしれない。

呪われた物理学者・ヨルダン

場の量子論の受容と関連する話題として、ある事実を記しておかねばならないだろう。

20世紀の物理学史において、場の量子論の構築は指折り数えられるような画期的な出来事である。にもかかわらず、最大の功労者であるヨルダンは、１９８０年まで生きながらノーベル賞をもらっていない。

ノーベル賞に関しては、不可解な点がまだある。１９２８年にアインシュタインが、行列力学を構築したボルン、ヨルダン、ハイゼンベルクの３人をノーベル物理学賞に推薦したことがわかっている。だが、１９３２年（授賞式は翌33年に延期）の受賞者はハイゼンベルク１人だった。ハイゼンベルクは、なぜ自分だけが受賞したのかと訝《いぶか》る手紙を、ボルンに宛てて書いている。

ボルンは、１９５４年になって「量子力学に関する基礎研究、特に波動関数の確率解釈」でノーベル賞をもらうが、確率解釈自体は１９２０年代から複数の物理学者が提案していたもので、この時期にボルンが受賞するのも奇妙である。

ここからは憶測になるが、ノーベル委員会は、受賞者からヨルダンを外したかったのではないか？　ボルンの主要な業績はヨルダンとの共同研究であるため、ヨルダンと一緒にボルンも外さざるを得ず、結局、20年も先送りにした後で賞を贈ったのかもしれない。

ヨルダンが嫌われたのは、彼が１９２０年代から国粋主義的な発言を繰り返していたせいだと考えるのが自然である。１９３３年にはナチスに入党して突撃隊に加入した。物理学者として特筆すべき業績を上げたにもかかわらず、解説書などで不当に低く評価されているのは、その政治的言動が影を落としたためだと推測される。場の量子論の受容にまで影響を及ぼしたかどうかははっきりしないが、私は、その可能性が無視できないと考える。

第二次世界大戦中にナチスの軍事研究に協力したこともあって、ヨルダンは終戦後、アカデミックな職から追放される。しかし、ここでパウリが手を差し伸べる。自身がユダヤ系でナチスから逃れてアメリカに移住せざるを得なかったにもかかわらず、パウリ（１９４５年にノーベル賞受賞）が推薦してくれたおかげで、ヨルダンは教授職に復帰できた。

政治的な言動には問題があったかもしれないが、物理学に対する姿勢には、ヨルダンから学ぶべき点が多い。ボーアやハイゼンベルクと異なり、アインシュタイン、シュレディンガーと同じく「なぜ」という問いに答えようとした。「すべての素粒子が等しい質量を持つのはなぜか」「位置や運動量を定義できる一方で波としても振る舞う理由は？」――そうした自然界の謎に対して、場を量子化するという方法論で答えを出そうとしたのである。首尾一貫した解答が得られるまで、40年ほどの年月が必要だったが、それでも、ヨルダンのチャレンジがなければ何も始まらなかったろう。

第Ⅲ部　量子論に常識を取り戻す

量子論は、しばしば常識が通用しない奇怪な理論だとされる。曰《いわ》く、猫が生きていると同時に死んでいる。曰く、誰かが観測した瞬間に世界の状態が変わる。しかし、こうした言説の多くは誤解に基づく。あらゆる物理現象の根底に、直接観測するのが困難なほど微細な波動が存在すると考えれば、多くの量子効果は、それほど常識外れではないものとわかるはずだ。

ハイゼンベルクやディラックは、電子は粒子だと仮定した上で、その振る舞いが波動的だという理論を構築したが、これは自然界の実態を適切に捉えていない。例えば、原子に束縛されている電子は、どんな軌道を描いて運動しているかを決められないが、この状況を、「電子は粒子なのに、なぜか軌道が決められない」と解釈すると、常識では理解できない不思議な事態に思える。しかし、シュレディンガーやヨルダンのように、「電子は波動であり、外部からの作用で定在波が乱されないときに限って粒子のように振る舞う」と考えるならば、それほど奇妙なことではない。原子内部での電子の軌道を特定できないのは、原子核からの電気的な力がコンスタントに作用し続け、電子の波が安定した共鳴状態を形成しないため、粒子的な振る舞いを示さないからである。

場の量子論の考えに従うと、空間は何もない空っぽの〝スペース〟ではなく、すべての地点が振動可能な実体である。電子の運動と思われた現象は、こうした振動が波として伝播し干渉し合う過程である。したがって、「ビリヤード球のような電子が真空中を飛び回っている」といった単純なイメージに基づいて何が起きたかを語ろうとすると、多くの重要な側面を見落とすことになってしまい、話が混乱する。これが、量子論をいたずらに難解なものと思わせる元凶である。

この第Ⅲ部では、常識外れに思える量子論的な現象を、常識的な波の振る舞いとして解釈していきたい。取り上げるのは、「シュレディンガーの猫」「観測と歴史」「量子もつれ」という3つの話題である。

第7章 シュレディンガーの猫と量子コンピュータ

量子論に関する言説の中で、特に有名なのが、「シュレディンガーの猫」の話だろう。物理学になじみのない人でも、どこかで耳にしたことがあるのではないか。マンガやアニメ、ゲームなどサブカルチャーの分野では、一種のジャルゴン（意味がよくわからない専門用語）として、この言葉がしばしば引用される。

シュレディンガーの猫とは何かを端的に言えば、生きている状態と死んでいる状態が重なった猫のことである。ハイゼンベルクらが開発した正準量子化の手法では、量子論的な状態を抽象数学のツール（「ヒルベルト空間のベクトル」と呼ばれるが、専門的な用語なのでここでは説明しない）を使って表すため、何がどう重なっているかは、物理学者にも理解できない。だが、場の量子論に基づいて、あらゆる物理現象が波だと考えると、ここで言われているのが「波の重なり」だとわかる。猫のような複雑なシステムも、元を正せば量子論に従う原子や素粒子で構成されているのだから、その物理的な状態は量子論的な波動で記述されるはずである。

もっとも、猫の状態は、水面を伝わるさざ波などとは異なる。２つのさざ波が交差するときには一時的に波が重なるが、それと同じように生きた猫と死んだ猫の波が重なるとは、ちょっと信じがたい。物理学者は、どう答えるのだろう？

答えを先に言ってしまうと、生きた猫と死んだ猫の波が現実に重なることはあり得ない。しかし、量子論的な波の重なりが全く起きないのではなく、原子のスケールでは、ごくふつうに生じる現象である。

どんなケースで量子論的な波の重なりが起きるかという問題は、かなり奥が深い。ちまたを賑わせている「量子コンピュータ」が使い物になるかどうかとも関係するからだ。

シュレディンガーの猫って何？

「シュレディンガーの猫」の原典は、1935年にシュレディンガーが発表した「量子力学の現状」という3部構成の大論文[*6]であり、その第1部の末尾に、猫の話が登場する。と言っても、量子力学の現状を面白おかしく紹介するための譬《たと》え話ではない。冒頭で「全くブルレスケ（冗談、笑劇）のようなケース」と記されているが、量子力学の体系が現状のままでは、こんな奇妙な事態に陥ってしまうという批判的な主張である。ここでは、放射性物質を取り上げたシュレディンガーの論述を、ベータ崩壊する中性子に置き換えた形で紹介する。ただし、中性子を真空中に孤立状態で静止させることはきわめて難しく、以下の記述は、理論の上だけの仮想実験と思っていただきたい。

中性子のベータ崩壊は、確率的な事象である。孤立した中性子の半減期は約10分であり、ある時刻から10分の間に、50パーセントの確率でベータ崩壊を起こす。この確率は一定であり、「長く中性子のままでいたから、次の10分間に崩壊する確率は以前より高くなる」といった事態は起きない。これは、コイン投げで「表が10回続けて出たから、次に裏が出る確率は50パーセントより高い」ということがないのと同じである。

外から見えない箱の中に、猫と毒ガス発生器が入っている（図7－1）。毒ガスを発生させ

＊6―邦訳は、シュレーディンガー著「量子力学の現状」（井上健訳）、『世界の名著66 現代の科学2』（中央公論社）所収。

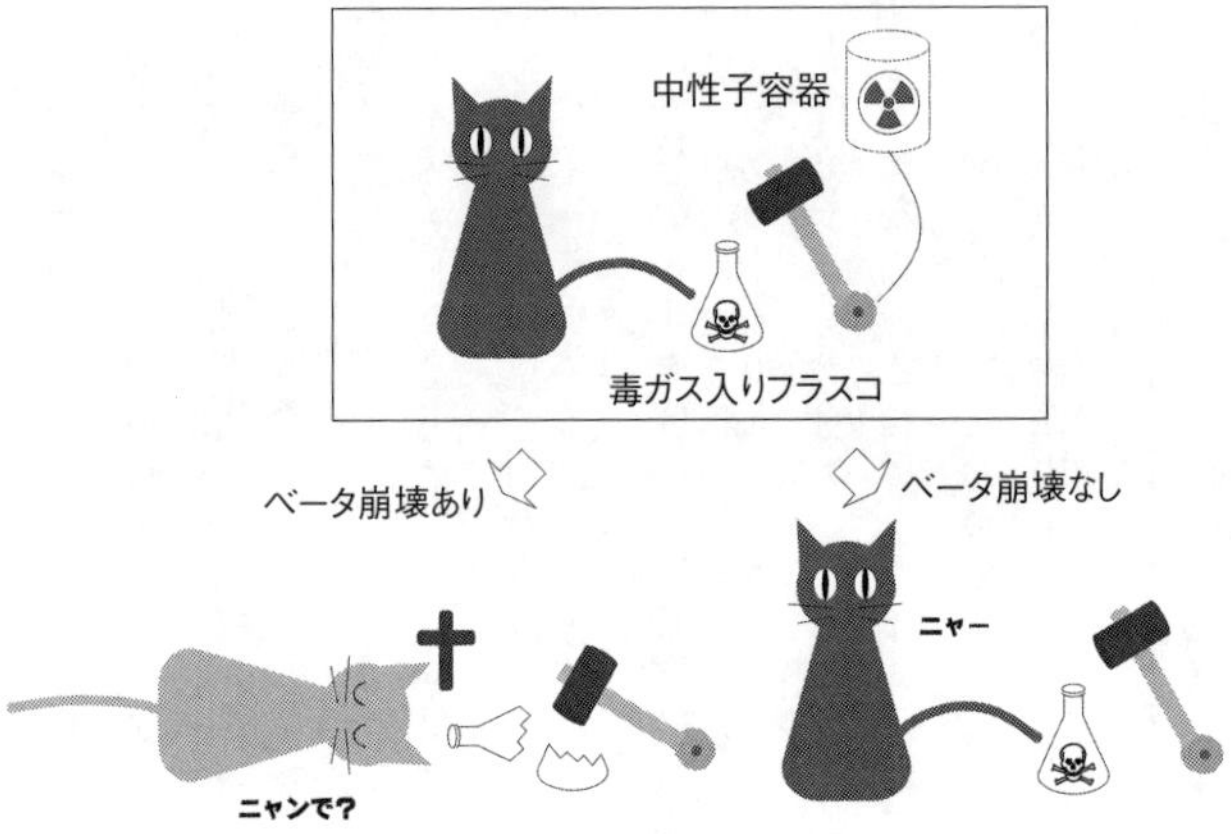

図7-1　シュレディンガーの猫

るトリガーは、トラップされている孤立中性子がベータ崩壊するかどうか。ベータ崩壊が起きると、飛び出した高エネルギー電子が放射線カウンターで計測され、リレー回路が作動してハンマーが振り下ろされる。その結果、フラスコが割れて箱の中に有毒な気体が充満し、猫は死ぬ。箱に猫を入れてから中性子の半減期である10分が経過したとき、猫が生きている確率は50パーセント、死んでいる確率も50パーセントである。それでは、この状態を物理学的に記述すると、どうなるのか。

　中性子がベータ崩壊する前後だけに着目すると、素粒子の運動が波動関数で表されるという仮定の下で、量子論的な記述が可能である。ベータ崩壊が起きる前は1個の中性子が孤立して存在しており、その状態は、中性子の波動関数を使って表せる。ベータ崩壊後の状態は、陽子、電子、反ニュートリノという3つの素粒子が、それぞれベータ崩壊の際に解放されたエネルギーを部分的に担いながら飛んでいく波動関数になる。このとき、中性子の波は存在しない。

孤立した中性子の状態から10分経過したときの波動関数は、この2つの状態が半々の重みで重なったものとなる。もし、巨視的な物体を構成する原子や素粒子の時間変化を、量子論的な式を使って表すことが可能だとすると、ベータ崩壊した波動関数としていない波動関数の重なりがそのまま変化して、最終的には、生きた猫と死んだ猫を表す波動関数の重なりとなるのだろうか。「シュレディンガーの猫」とは、量子論的な重なりの状態として「生きていると同時に死んでいる猫」を指す。

多くの人は「そんなことがあるか！」と思うだろうが、その通り、そんなことがあってはおかしい。シュレディンガーの時代には、波の重なりがどのように変化するかを実証的に示すことができなかったため、形式的な議論で重なりを考えるしかなかった。こうした形式的な議論では、生きた猫と死んだ猫が重なってしまうという奇妙な結果が生じたのである。

実際には、量子論的な波の重なりはかなり不安定である。外部との間でエネルギーの流れが生じるケース、例えば、化学反応などが起きると、波の重なりは崩れてしまう。毒ガスの作用は、体内に入った気体分子が化学反応を起こすことで生じるので、毒ガスで死んだ猫と生きている猫の状態を表す波動が、重なったまま維持されることはない。

本当のことを言うと、猫が死ぬ以前のベータ崩壊の時点で、すでに重なりを考えることができなくなる。しかし、この変化を説明するには、「脱干渉」という少しややこしい議論が必要になるので、第８章の終わりで簡単に触れることにして、この第７章では、２つの量子論的な状態が重なる一般的なケースを取り上げよう。

生きながら死んでいる猫はいない

２つのさざ波が水面で交差するとき、それぞれの山が重なってより高くなることがあるが、これはあくまで一時的な重なりでしかない。一時的な波の重なりは、弦でも観測できる。弦を強くはじいた直後の弦は、多数の波が重なったような複雑な波形を示す（図７－２）。だが、次第にエネルギーが散逸すると、共鳴状態となる特定のパターン以外の波形は振幅が小さくなって消えてしまう。当初の複雑な波形が、徐々に単純な共鳴状態の波に収まる過程は、高速度撮影によって可視化することができる。

バスタブに溜めた水をバチャバチャとかき混ぜたときにも、かき混ぜてからしばらくすると、一定の振動数を持つ定在波が形成される（４９ページの図２－３）。これは、水面を行き交う波の多くが干渉して打ち消し合い、共鳴条件を満たすものだけが生き残って定在波となった結果

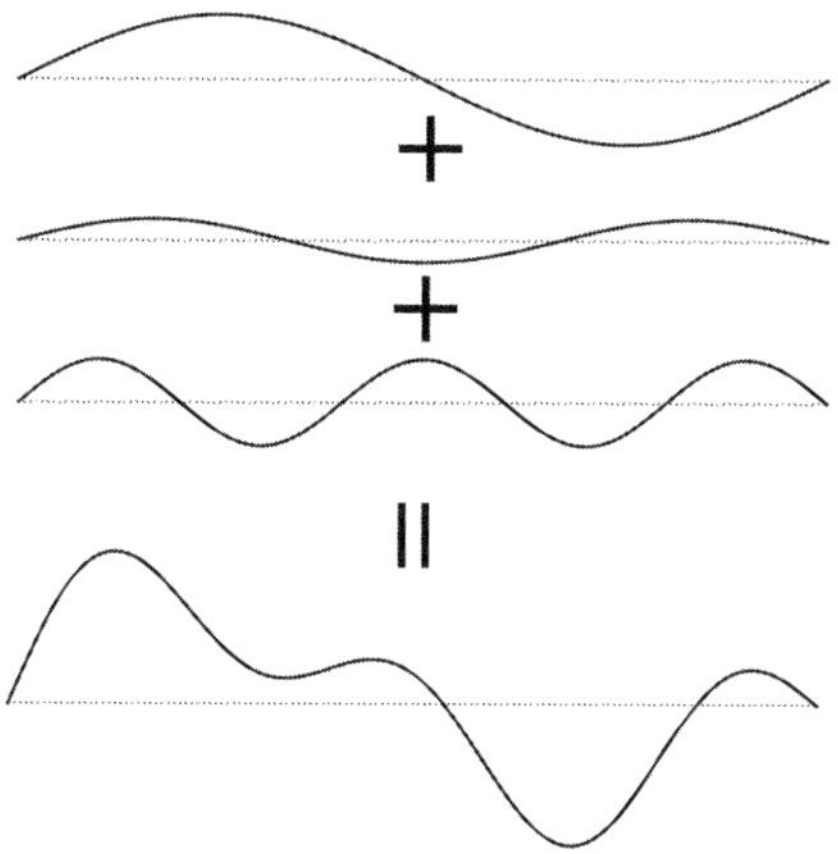

図7-2　いくつかの波が重なった弦の波形

である。定在波は、主に、進行波と反射波が重なり合って生じたもので、重なりが長く持続するケースに当たる。

ここで重要なのは、進行波と反射波は振動数が等しい点である。重なりが持続するためには、一般に、重なる前の個々の波の振動数が等しいか、充分に接近していなければならない。わずかに異なる振動数の波が重なったときには、振動は維持されるものの、うなりが生じて振幅が周期的に変動する。

量子論におけるエネルギー量子の場合、光量子論でアインシュタインが示したのと同じく、エネルギーが振動数の定数倍になるという関係式がある。したがって、振動数が等しいとは、振動のエネルギーが等しいことを意味する。

多数の原子から構成された通常の物質の場合、

振動数の異なる波が重なった状態になると、部分間でエネルギーの移動が生じるため、当初の重なりは維持されにくい。具体的には、高層ビルが地震波に共振する場合を想像してほしい。巨大地震がビルを襲った場合、ビル内にあるさまざまな物体が、それぞれ共振しやすい振動数でカタカタと揺れる。ただし、こうした部分的な振動のエネルギーは、ビル内部で散逸してすぐに減衰する。その一方で、ビル全体が地震波の長周期成分（周期2秒以上の揺れを発生させる成分）に共振する場合は、かなり長時間にわたって揺れが持続する。２０１１年の東日本大震災では、新宿の高層ビル群が関東平野の軟弱地盤によって増幅された長周期地震動に共振し、地震が収まった後も、数分間にわたって揺れ続けた。

　量子論で記述されるシステムでは、人間のサイズに比べて波長が非常に短くなるので、周囲との接触がギリギリまで抑えられた充分に小さな領域でしか、波の重なりが維持されない。工学的に応用する場合は、重ね合わせる波の振動数に差をつけて、振動状態をコントロールすることが求められるが、その場合の差は、きわめて小さくする必要がある。こうしたシステムを実現できれば、ある程度の時間にわたって、重ね合わせた状態を維持できる。それでも、外部から衝撃や熱の流れが加わったりすると、重ね合わせはあっという間に崩れてしまう。生きた猫と死んだ猫のような巨視的な物体の重ね合わせを維持することは、不可能である。

重ね合わせが維持されるケース

猫の重ね合わせが一瞬たりとも維持できないのに対して、原子のスケールになると、ごくふつうに量子論的な重なりが生じている。

例えば、水素原子の場合、弦の２倍振動に相当する２ｐ状態（55ページの図２－５）は、陽子を中心にして電子が特定方向に偏って分布する状態だが、この方向が３次元空間のどこを向くかによって、同じエネルギーを持つ３種類の状態が存在する。数式で表すときには、ｘ、ｙ、ｚの各軸方向に偏った電子状態を選ぶが、現実の世界では、人間が選んだ座標軸とは無関係に電子の偏りが生じる。座標軸に対して斜め方向に偏った電子状態は、ｘ、ｙ、ｚ軸それぞれに偏った状態の重なりとして表される。

２ｐ状態の重なりは、コップの中の定在波をイメージするとわかりやすいだろう（図７－３）。円形のコップ内部に水を入れて振動させると、特定方向に水が往復する定在波が生じる。円の中心を原点とする水平方向の直交座標軸を決めると、ｘ軸とｙ軸のそれぞれの方向に振動する２種類の定在波を式で表すことができる。ならば、２つの座標軸の中間方向に生じる振動はどのように表せるかと言うと、単純なモデルでは、ｘ軸方向の振動とｙ軸方向の振動に適当な係数をつけて重ねたものとなる。水素原子の２ｐ状態でも、これと同じような重なりを考えることができる。

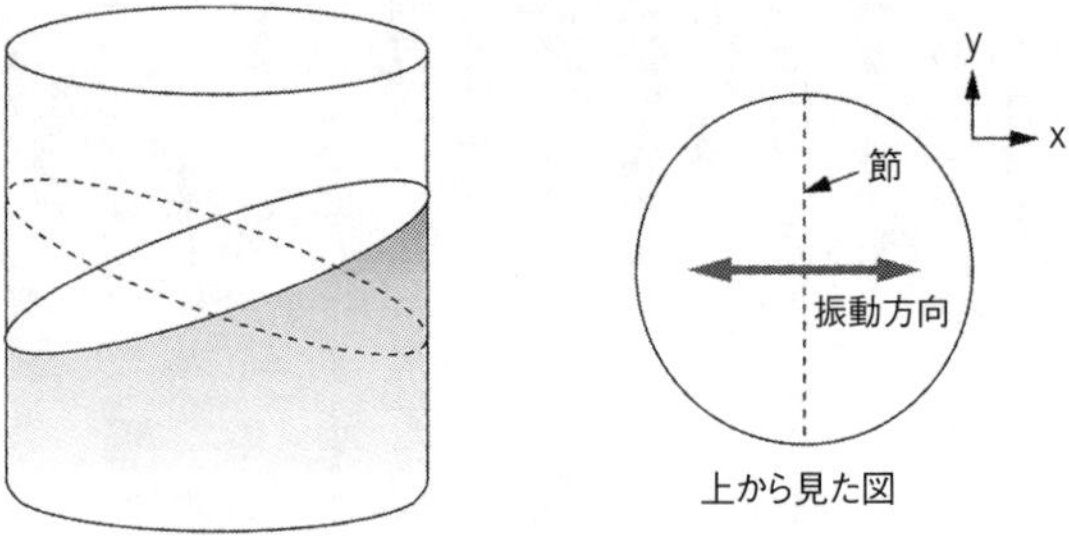

図7-3　コップの中の定在波

原子と同程度のサイズならば、任意の方向に電子分布が偏った2p状態のように、量子論的な波の重なりが維持されることは珍しくない。しかし、原子が多数集まって構成された物質になると、こうした重なりの維持は難しくなる。原子の位置関係によってエネルギーの値に差が出るため、エネルギー流が生じやすく、その結果として振動数や波形が変化し、当初の重なった状態が崩れるからである。

それでは、人工的に量子論的な波を大スケールで重ね合わせることはできないのだろうか。シュレディンガーの時代はもとより、20世紀半ば過ぎまで、多数の原子からなる物質の量子論的な状態に関しては、理論でも実験でも扱うのが難しかった。しかし、20世紀終盤から実験精度が上がって、いわゆるメソスコピック・スケールの現象がかなり詳しく解析できるようになる。

メソスコピック（メゾスコピックとも言う）とは、ミクロとマクロの中間領域である。もう少し限定的に言えば、分子のスケールより大きく工学的な切削加工が可能なスケールより小さい範囲で、数ナノメートルから数百ナノメートルくらいを指す（1ナノメートルは10億分の1メートル）。この領域の実用的なデバイスとして広く利用され、量子論の基礎研究でも重要な役割を果たしているのが、ＳＱＵＩＤ（超伝導量子干渉計）である。

実現可能な「猫状態」

ＳＱＵＩＤは、超伝導体でできたリングの途中に、ジョセフソン接合をはさんだ構造をした素子である（図7－4）。ジョセフソン接合とは、数ナノメートル程度の薄い絶縁体をはさんで超伝導体をつなぐもの。接合部が絶縁体であるにもかかわらず、量子論的なトンネル効果（ニュートン力学では越えられないエネルギー障壁を通り抜ける現象）によって電流を流すことができる。超伝導状態では電気抵抗がゼロになるので、ＳＱＵＩＤには円形電流が持続的に流れる。リングを貫く磁場が少しでも変動すると、超伝導の特性に従って電流の大きさが段階的に変わることから、高感度の磁場センサーとして利用できる。

超伝導状態では、電流に関わる電子が、あたかも1つにまとまった存在であるかのように整

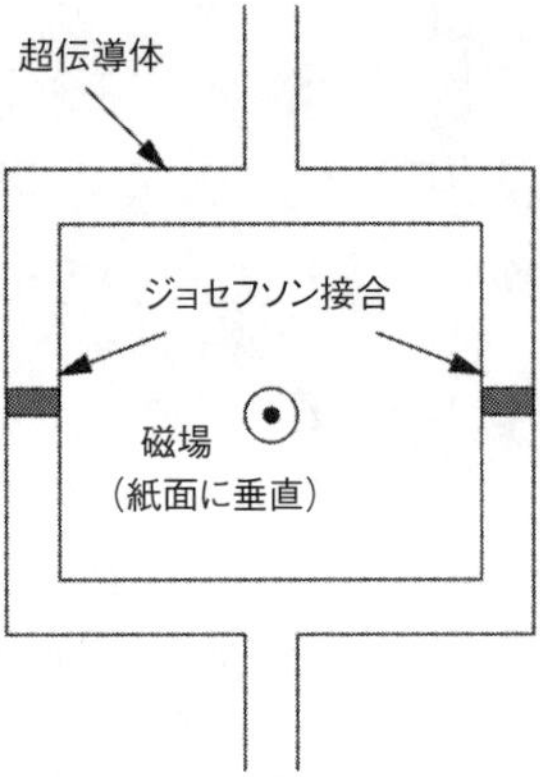

図7-4　SQUID

然とした協同的な流れを形作る。このとき、電子はほとんど粒子性を失い、波動的な振る舞いが顕著になる。個々の電子がビリヤード球のように動くならば、リングを流れる電流が右回りか左回りかは、明確に峻別できるだろう。しかし、超伝導状態の電子は、ちょうどコップの中で揺れる水や、地震波に共振する高層ビルのように、集団全体が一体化した波として振る舞っている。ビリヤード球のような実体の運動ではないため、右回りと左回りの波を重ね合わせることも不可能ではない。こうしたタイプの重ね合わせ状態がＳＱＵＩＤを利用して実現可能であることは、１９８０年代にアンソニー・レゲットが提唱し、世紀の変わり目頃にいくつかのグループによって実証された。

　ＳＱＵＩＤのリングは、差し渡しが１ミリメートルもない小型サイズが多いが、それでも原子のスケールからするときわめて大きい。重ね合わせの状態を実現したＳＱＵＩＤの場合、電流に関与する電子は数百億個ほどに上る。これほど〝巨大〟であっても、外部からの衝撃を受けないようにきちんと管理された条件下で実験を行うと、右回りと左回りの波が重なった状態を実現できる。わずかな磁場があれば、エネルギーに微小な差を設けることも可能だ。

この重ね合わせ状態は、「シュレディンガーの猫」のメソスコピック版であり、物理学の論文で「猫状態（cat states）」として言及されることがある。奇妙な用語だが、物理学者は、結構、冗談や洒落《しゃれ》が好きなのだ。

生き物の猫で重ね合わせ状態を作るのは事実上不可能だが、メソスコピックな猫状態ならば、ＳＱＵＩＤ以外にも、さまざまなツールを利用して実現されている。こうした猫状態を応用する装置として、現在、多くの科学者・技術者が集中的に研究開発を行っているのが、量子コンピュータである。

従来型コンピュータの仕組み

一般のユーザが手にするコンピュータは、ノートパソコンやスマートフォン（通話機能を持ったモバイルパソコン）のように、あらかじめアプリをインストールすることで定型的な作業

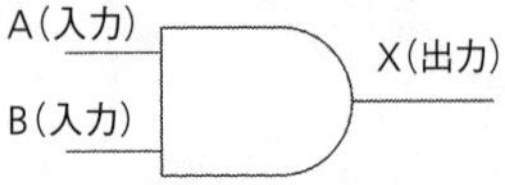

A	B	X
0	0	0
0	1	0
1	0	0
1	1	1

図7-5　ANDゲート

を実行しやすくしたものが多い。だが、20世紀初頭に、アラン・チューリングらによって考案されたコンピュータの原型は、任意の論理的なアルゴリズムを遂行できる装置のことである。周辺装置を使ったデータの読み込みやモニター表示なども必要だが、最も本質的なステップである論理演算を行うのは、論理ゲートと呼ばれる素子（特定の機能を持つ回路の構成要素）を組み合わせた演算ユニットである。

　論理学的な状態は、0と1を使って表すことができる。アリストテレス流の古典論理学では、0を偽、1を真と見なす。古典的な論理演算は、0と1で表される入力に対して、一定の規則に従って0か1を出力する操作であり、基本的な論理演算には、否定（NOT）、論理和（OR）、論理積（AND）などがある。

　例えば、論理積は、2つの入力がいずれも1のときは1を、どちらかが0のときは0を出力する（図7－5）。古典論理学で言えば、論理積は「かつ」を表し、２つの命題ＡとＢに対して、ＡとＢがいずれも真のときは真、ＡとＢのどちらかが偽のときは偽となる。

重要なのは、あらゆる論理演算が、こうした基本的な論理演算の組み合わせとして表せることである。基本的な論理演算の任意の組み合わせを実行できる装置があれば、考えられるすべての論理演算を遂行できる論理学的万能マシンとなる。こうした機能を持つ装置がコンピュータなのである。こんにち、コンピュータがさまざまな用途に使われるのは、任意の論理演算が遂行できるからだし、論理演算しか遂行できないところに、コンピュータの限界がある。

電子機器で０と１という２つの状態を表すには、電圧の高低を利用することが多い。従来型のコンピュータでは、基本的な論理演算を遂行する論理ゲートとして、ＭＯＳ（金属－酸化膜－半導体）という３つの素材を組み合わせたトランジスタを用いるのが一般的である。

ごく簡単に言うと、トランジスタは中間部にどんな電圧を加えるかによって、導体にも絶縁体にもなる素子である。Ｎ型トランジスタは、中間部が高電圧だと導体で低電圧だと絶縁体、Ｐ型は、中間部が高電圧だと絶縁体で低電圧だと導体になる。そこで、図７－６のように組み合わせた回路を考えよう。この場合、中間部への入力が低電圧のときは、出力端子は電源と直結するので高電圧、入力が高電圧のときは接地部分と直結するので低電圧になる。高電圧を１、低電圧を０で表せば、入力が０のときは出力が１、入力が１のときは出力が０となる。したが

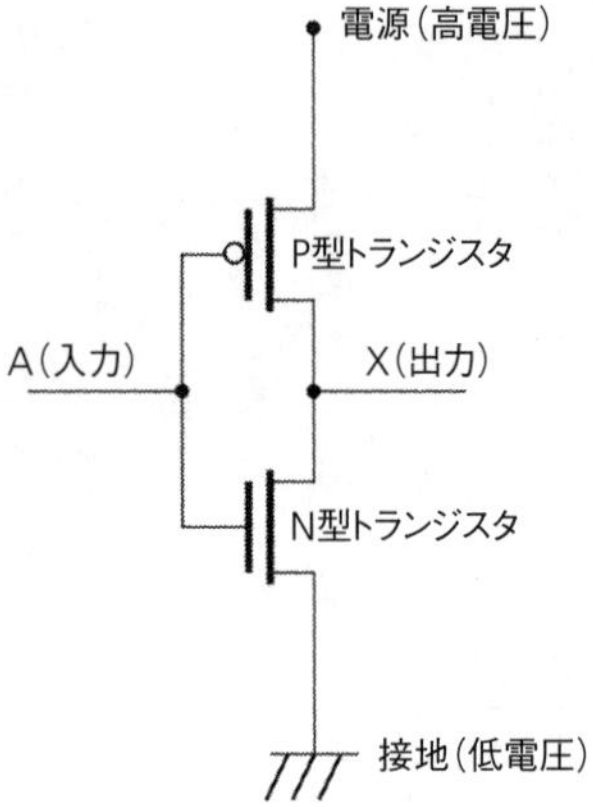

A	X
1	0
0	1

図7-6　CMOSトランジスタによるNOTゲート

って、この回路は、入力と出力が逆になる否定（NOT）の論理ゲートとなる。

論理和、論理積などの基本的な論理ゲートも、トランジスタを組み合わせることで実現される。トランジスタをコンデンサや導線などとともに1つのボードに数多く実装し、論理ゲートを組み合わせた回路を実現したのが集積回路である。こんにち使用されるコンピュータは、集積回路を使って複雑な論理演算を遂行する。

集積回路の集積度は、年々向上してきたが、最近になって、これ以上は高密度にできないという飽和状態に近づいてきた。そこで、論理ゲートとして、量子論的な猫状態を実現する素子を利用する方法が考案された。この量子論理ゲートを用いたのが、ゲートマシンと呼ばれるタイプの量子コンピュータである。

量子コンピュータは猫状態を利用する

ある程度の時間にわたって重ね合わせの状態を維持できる量子系は、種類が限られる。SQUIDタイプの超伝導回路以外には、電場を使って空中に静止させたイオンを用いたり、原子核が持つ磁石としての性質を利用したりするものがあり、1990年代後半から2000年前後にかけて、原理的に動作可能かどうかを調べる実証実験が行われた。

初期の実験では、確かに重ね合わせは持続するものの、その時間はあまりに短く、当初は、論理ゲートとして使い物になるとは思われなかった。例えば、1999年に中村泰信によって世界で初めて実現された固体素子による重ね合わせ状態の場合、持続時間は1ナノ秒（10億分の1秒）しかなかった。しかし、2010年代に入ると少しずつ改良が進み、持続時間は、それこそ何十万倍と飛躍的に増大する。こうなると、重ね合わせを利用した量子論理ゲートの製作が現実的なものとなる。

MOSトランジスタを用いた論理ゲートの場合、高電圧と低電圧のように1と0で表される2つの状態しか考えなかった。しかし、重ね合わせが充分に長く維持されるならば、1と0が重なった状態も、論理演算のステップとなり得る。波の式で考えた場合、重ね合わせには2つの波の式を足す場合と引く場合があり、1と0の和、1と0の差として表される。和や差とい

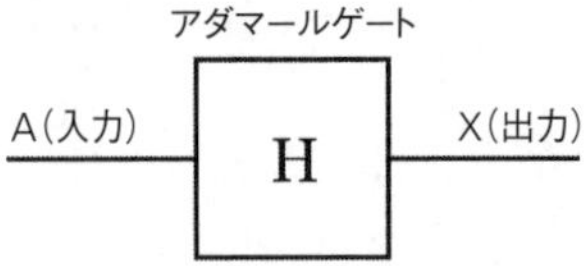

A	X
$\|0\rangle$	$\frac{1}{\sqrt{2}}(\|0\rangle+\|1\rangle)$
$\|1\rangle$	$\frac{1}{\sqrt{2}}(\|0\rangle-\|1\rangle)$

図7-7　アダマールゲート

うのは、SQUIDで言えば、電流が右回りの波と左回りの波の式を足したり引いたりしたときの波に相当しており、数値の足し算・引き算ではない。

例えば、アダマールゲートと呼ばれる論理ゲートは、入力が0のときには出力が1と0の和、入力が1のときには1と0の差になるような素子である（図7－7。数値ではなく量子論的な状態であることを示すため、0と1の代わりに$|0\rangle$と$|1\rangle$という記号を用いた）。この他にも、入出力が重ね合わせ状態になるような論理ゲートがいろいろと考案されている。

このように、論理ゲートの入出力に重ね合わせ状態を利用できるとなると、MOSトランジスタによる論理演算に比べて、格段に少ないステップ数で最終的な結果を得ることができる。MOSトランジスタでは、演算の中間段階でも常に1か0のいずれかという2つの可能性しかないのに対して、量子ゲートでは、さまざまな重ね合わせ状態が可

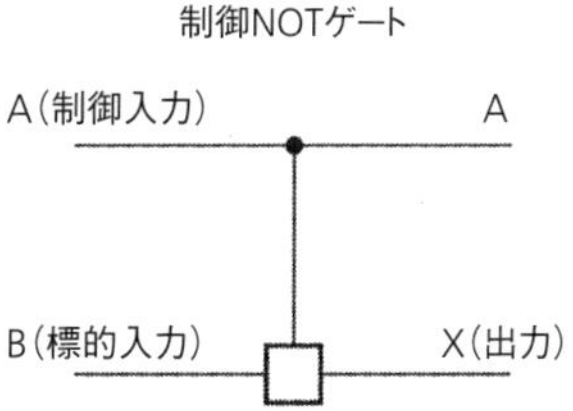

A	B	X
$\|0\rangle$	$\|0\rangle$	$\|0\rangle$
$\|0\rangle$	$\|1\rangle$	$\|1\rangle$
$\|1\rangle$	$\|0\rangle$	$\|1\rangle$
$\|1\rangle$	$\|1\rangle$	$\|0\rangle$

図7-8　制御NOTゲート

能になり、これらをフルに使って演算を行えるからである。

量子ゲートの一種に、制御ＮＯＴゲートというものがある。入力として、制御入力Ａと標的入力Ｂがあり、Ａが０ならばＢは入力と同じものを出力するが、Ａが１ならばＢの出力は入力を反転するというゲートである（図７－８）。ここで重要なのは、この制御ＮＯＴゲートの入力を重ね合わせ状態にすることも可能だという点である。

入力が重ね合わせ状態のときの出力は、重ね合わせではない０か１の個別状態を入力したときの結果に、重ね合わせの〝重み〟をつけて足した形になる。〝重み〟とは、数式で記したとき、それぞれの項につける係数に相当しており、０状態が何パーセント、１状態が何パーセント混じっているかを表す。従来型のコンピュータが、０か１の入力ごとに別々の計算プロセスを実行するのに対して、ゲートマシンは、この係数がどのように変化するかを見ることによって、１回のプロセスでいろいろな入力に対する計算を完了させてしまう。計算のゴールは、正解となる状態の〝重み〟が充分に大きい出力を得ることである。

２０１９年には、グーグル社が超伝導回路を用いた量子コンピュータによって、世界最速のスーパーコンピュータで1万年かかる問題を２００秒で解いたと発表した。この計算問題は、ランダム量子回路サンプリングという量子コンピュータで扱いやすいタイプのもので、ライバルのＩＢＭチームは、計算方法を工夫すれば従来型のコンピュータでも1万年ではなく2日半でできると批判した。だが、超伝導回路を53個接続しただけで、驚くべき量の計算を遂行したことは、素直に認めるべきだろう。

正答率0・2%からの挑戦

それでは、量子論理ゲートを用いたゲートマシンは、今後、現在のコンピュータより何桁も速い演算スピードを誇る超絶的コンピュータとして普及するのだろうか？　多くの専門家は、そう簡単にはいかないと考えている。その理由は、重ね合わせ状態の不安定さにある。

重ね合わせ状態を維持するためには、外部からの衝撃や熱の発生を抑え、利用する素子に不純物などの欠陥がないことが要請される。理論通りに動作しないと、計算間違いが生じる。グーグルが作ったマシンの場合、（1ビットタイプの素子で）1ステップあたり０・１６パーセントの割合で計算を誤るという。素子の組み合わせと計算のステップ数を考慮すると、グーグルが行ったのと同程度の計算で「正しい」答えを得る確率は０・２パーセント程度、つまり、１０００回計算すると９９８回は間違えるということになる。

こうしたエラーが起きないように、量子コンピュータでは、エラーを修正する仕組みが必須となる。計算間違いが生じても、そのたびに修正しながら計算を進めるという方法である。しかし、装置の大型化と計算量の増大が続くと、エラーの確率が大幅に高まり修正しきれなくなるという予測もある。そうなると、量子コンピュータは、間違った答えばかりをはじき出す使えないコンピュータに成り下がる。

エラーを減らす以外にも、量子ゲートの数を増やして大型化するのが技術的に難しいという難題もある。仮にゲートマシンが実用化されるにしても、今後数十年はかかるだろう。

もう1つの量子コンピュータ

重ね合わせ状態を論理ゲートに利用するゲートマシンに対して、量子コンピュータには、アニーリングマシンと呼ばれる別のタイプがある。「組み合わせ最適化問題」に特化したマシンで、こちらはすでに製品が販売され実用段階に入っている。

組み合わせ最適化問題とは、例えば、「何カ所もある配送先にトラックで荷物を送り届けるとき、出発点から到着点までどのようなルートで運ばせるのが最も効率的か」といった問題である。ルートごとに燃料費などのコストが指定され、最適解として「コストが最小になる」ルートを探し出す。トラックが複数になったり、高速道路料金や渋滞の有無、配送先の優先度、運転手の疲労度などを勘案して、コストを表す式が複雑化することも想定される。

　物質世界には、コストを最小にするルートをすぐに見つける仕組みがある。例えば、屈折率が場所によって変動する媒質に光線が差し込んだとき、フェルマーの原理に従って、光学的距離が最小になるようなルートで伝播する。これは、ホイヘンスの原理に従って光の要素波が進むとき、光学的距離が最小にならないルートでは、相互の干渉によって要素波が打ち消され、距離最小のルートを進む波だけが生き残るからである。

　針金などで作ったフレームをシャボン液に浸して持ち上げると膜ができるが、この膜は、フレームを外縁とする面の中で面積が最小のものである。フレームが3次元的に曲がっている場合、数式を使って最小面積の図形を求めるのは難しいが、自然界では、物理法則に従って、自動的に最小面積が実現される。その理由は、表面張力によって薄膜が持つ弾性エネルギーが面積に比例するためである。

　張られたばかりの膜は小さな振幅で振動しており、膜のエネルギーは、振動エネルギーと弾性エネルギーの和になる。ところが、振動に伴って発生した熱が周囲に散逸するため、膜のエネルギーは次第に減少していき、それに対応して液体が移動する。最終的に振動が収まったときには、弾性エネルギーが最低になる最小面積の状態に落ち着くのである。

自然界の物理現象に見られるこうした現象を、量子効果を使ってシミュレーションするのが、アニーリングマシンである。ただし、可能なルートのすべてに対してコストを計算するのは難しい。基準となるルートをあらかじめ与えておき、ルートを変更したときにコストが小さくなるかどうかを調べるという方法で計算を進める。このため、必ずしも最適解を得ることはできず、「基準ルートに近いルートに限定する」という条件付きの部分最適解を求めることになる。

アニーリングマシンは組み合わせ問題しか解けず、しかも、必ずしも最適解は得られない。計算速度も、ゲートマシンのように圧倒的に速いわけではない。ただし、すでに実用段階にある点で優位にある。

一方、ゲートマシンは、論理演算で解けるすべての問題に対応でき、うまく動けば、スピードはアニーリングマシンとは比べものにならないほど速い。しかし、実用化までの障害は大きい。現在は、いくつかのグループが開発した小型マシンを使って、役に立つかどうかの実証実験が進められている。

組み合わせ問題に相当する課題は実社会に数多くあり、アニーリングマシンの有用性は揺るがない。ゲートマシンは、しばらくの間、研究者のおもちゃ以上のものではないだろう。核融合発電や有人惑星探査のように、20世紀半ばから近々実現可能だと言われながら、いまだに目処が立っていない技術もある。ゲートマシンがその二の舞にならないようにと祈りたい。

もっとも、私としては、ゲートマシンが計算間違いを連発し、その間違い方を分析することで、重ね合わせ状態の崩壊に関して理論的解明が進む方が面白いのだが……。

第8章　歴史は分岐するのか

量子論の奇妙な主張の1つに、「人間が観測するまでは、何が起きているかは確定できない」というものがある。シュレディンガーの猫も、こうした主張を踏まえたもので、人間が箱の中を覗くまで、猫が生きているか死んでいるかは確率しかわからない。もっとも、「わからない」と言うだけなら別に不思議ではない。昔は、物理学者の中にも「観測前の猫は、生きた状態と死んだ状態が重なっている」と主張する人がいたが、今では、こうした主張に対して「そうではない」と否定するのが物理学的な正論である。

原子よりずっと巨大な物体の場合、量子論的な重なりの状態は不安定である。ＳＱＵＩＤのような技術の粋《すい》を尽くして作り上げたツールでも、充分に冷却し衝撃を与えないように注意して扱わないと、重ね合わせ状態はすぐに壊れてしまう。ましてや、生きた猫と死んだ猫が重なって存在することなど不可能であり、人間が観測しなくても、重なりは崩壊して一方の状態だけに落ち着く。

猫が生き続ける過程と途中で死んでしまう過程は、互いに排他的でどちらか一方だけが実現される。しかし、ＳＱＵＩＤのような精密部品になると、異なる量子状態の重ね合わせによって量子コンピュータが作動するので、重なったまま物理的な過程が進行していると考えるべきだろう。それでは、重ね合わせが崩壊するケースと持続するケースでは、理論的な扱いをどのように変えれば良いのか？

この問いを巡る議論は、ボーアとアインシュタインの論争にまで遡る。当時は的確な答え方がわからなかったが、20世紀後半になって、明確な指針が与えられた。キーワードは、「脱干渉（デコヒーレンス）」である。

「どっちを通った」実験

第Ⅰ部でも紹介した二重スリットによる干渉実験を、改めて取り上げたい（69ページの図3－1参照）。19世紀初頭に行われたヤングの実験では、スリット板に2つのスリットが並んで開けられた二重スリットに光を照射すると、背後のスクリーンに濃淡の縞模様からなる干渉縞が映し出された。これは、回折した2本の光線が干渉したことを意味しており、光が波であることを決定づける実験とされた。ところが、当初は一定の質量と電荷を持つ粒子だと思われた電子も、ド・ブロイによる物質波の理論が出た直後の１９２７年に、光と同じような干渉縞を描くことが判明したのである。

　電子ビームの場合は、波長が短いこともあって、干渉縞が観測できるようなスリット板を制作するのは難しい。そこで、真空中に２個の原子を並べて浮遊させ、電子ビームを照射する実験を行うことが多い。原子は電子を散乱するので、スリットによる光の回折と同じような現象が観測される。ただし、話を単純化するため、以下の議論では、電子を用いた実験でも光と同じように「スリットを通過する」というケースを想定した。

　興味深いのは、電子ビームの密度を低くし、１個１個の電子が別々にスクリーンに到達するように調整しても、スクリーンに電子が衝突した痕跡を集計すると、濃淡の干渉縞になる点である。これは、電子の干渉が、ある電子と別の電子が相互作用した結果として生じるのではないことを示す。

　さて、１個ずつ放出した電子がスクリーン上で干渉縞を描いたとき、〝もし〟電子が粒子ならば、当然、どちらか一方のスリットを通ってスクリーンに到達したと考えられる。それでは、何らかの実験を行うことで、個々の電子が「どっちのスリットを通ったか」を特定できるだろうか？　この問題は、「どっちを通った」実験として、１世紀近く議論され続けてきた。

第4章では第6回ソルヴェィ会議におけるボーアとアインシュタインの論争を紹介したが、それに先だって第5回ソルヴェィ会議の際に行われたのが、「どっちを通った」実験が可能かどうかを巡る議論である。

スリット板を可動にすると……

ボーアは、電子や光子が見せる粒子性と波動性は「排他的」、すなわち、一方が表面化するとき他方は消失する関係にある性質だと見ていた。どっちのスリットを通ったかを観測することは粒子性の確認に当たるので、通った道筋を観測すると、波動性の現れである干渉縞は消失するはずだと考えた。干渉縞が生じるとき、電子の通路を実験で明らかにすることは決してできないという主張である。

この考え方に批判的だったアインシュタインは、電子そのものを観測対象にしない方法を考案した。電子が通過した後に実験装置を調べることで、電子の状態を擾乱せずに何が起きたかを突き止めるやり方である。スリットを通り抜けるとき、電子はスリット板からの力によって運動方向を変えるので、作用・反作用の法則に従って、スリット板に運動量を与える。したがって、電子が通り抜けた後、スリット板の動きを観測すれば、二重スリット実験のセットアップは変えずに、どっちのスリットを通ったかを確定できるはずである。

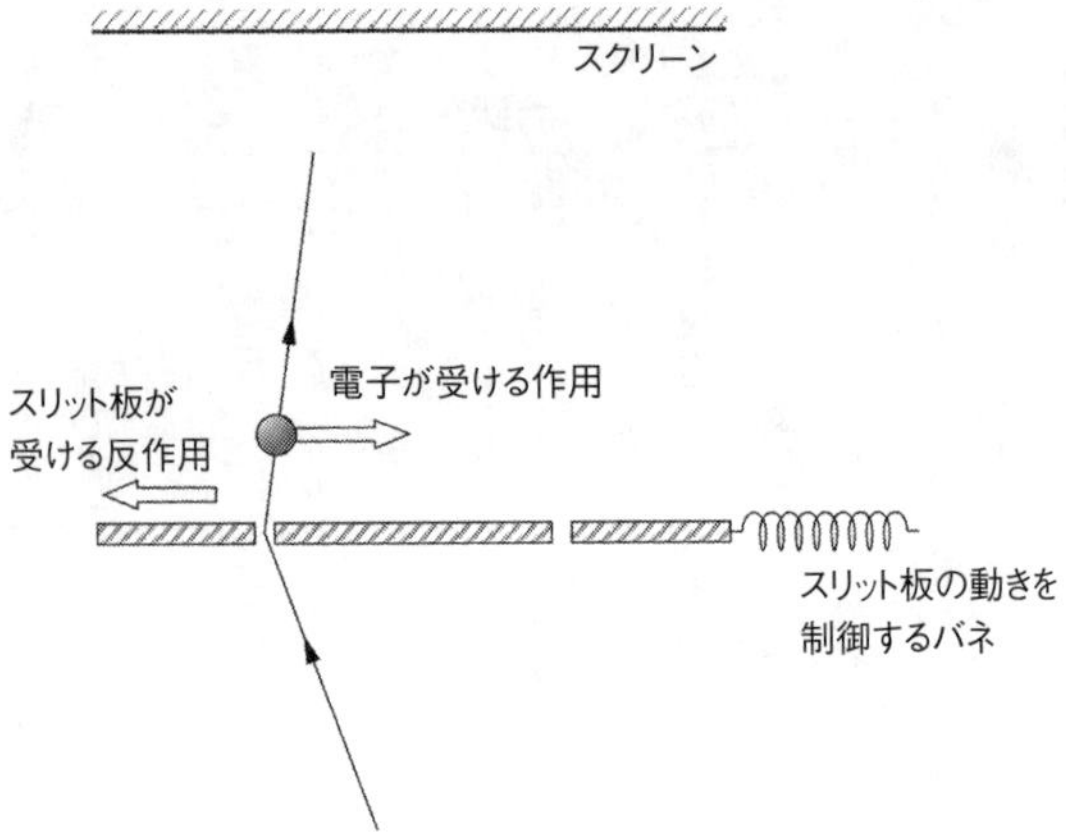

図8-1　スリット板が動くようにした二重スリット実験

こうした批判をアインシュタインから示されたボーアは、即座に返答することができず、同じ会議に出席していたハイゼンベルクとパウリに相談した。2人は、空いた時間に話し合って得られた回答をボーアに伝え、夕食の席でボーアからアインシュタインへと伝達された。

　ボーア陣営が行った議論のポイントは、電子がどちらを通ったかを確定するためには、スリット板が電子からの反作用を受けて動き出すほどの可動性を持っていなければならない点である（図8－1）。スリット板が可動になったことで、スリットを通過する際に電子の運動状態が影響を受ける。どっちのスリットを通ったかが確定できるほどスリット板が大きく動ける場合に、スクリーン上での波がどのように変化するかを計算すると、それぞれのスリットからやってくる波同士の干渉条件が満たされなくなって、干渉縞は消失することが示された。

この回答に対して、アインシュタインは有効な反論を提出できなかった。このため、論争の勝者はボーア陣営だと見られるようになった。

勝ったのはボーア陣営？

二重スリット実験では、電子が「どっちを通ったか」を決定できるようにスリット板を可動にすると、干渉縞が消える。粒子の軌道を観測すると干渉縞という波の性質が失われるので、「粒子性と波動性は排他的」というボーアたちの主張を裏書きする結果だと受け止める人も多い。さらに、「何が起きているかを知るには観測を行う必要があるが、観測によって対象の状態が乱されるので、結局、何が起きたかを客観的に解明できない」という、主にハイゼンベルクが強調した見方を支持するようにも思われる。

しかし、本当にそうなのだろうか？　ボーアの（と言うよりは、ハイゼンベルクとパウリの）回答を、もう少し詳しく見ていきたい。3つのポイントに分けて考えよう。

1．粒子性と波動性は排他的か
2．人間による観測は必要か

3．本当はどっちを通ったのか

粒子性と波動性は排他的か

二重スリット実験で生じる干渉縞は、間違いなく波動性の現れである。しかし、スリット板を可動にした結果としての干渉縞の消失を、粒子性の現れと見なして良いのかは、それほど明らかでない。そもそもソルヴェイ会議の際にハイゼンベルクとパウリが行ったのは、干渉条件に関する大ざっぱな見積もりでしかなく、電子の波動関数が具体的にどうなるかまでは求めていなかった。

シュレディンガー方程式を使って、スリット板を可動にしたときの波動関数の計算が行われたのは、最初の問題提起からおよそ半世紀後の１９７０年代末になってからである。こうした計算では、スリット板そのものが量子論的な対象となるため、位置や速度が不確定となり、電子がぶつかる前からある程度の速度を持つはずである。この点まで考慮して計算すると、電子が通過した後のスリット板の動きだけで電子がどっちのスリットを通ったかを確実に決定するのは難しく、せいぜい一方のスリットを通った確率が何パーセントという形で推定するしかないことがわかった。しかも、その場合の干渉縞は、明線と暗線の差違が小さくなって全体に曖昧になるものの、縞模様が完全に消失せずに薄く残り、〝なまった〟干渉縞になる（図８－２）。

図8-2　〝なまった〟干渉縞

　こうした干渉縞の変化は、連続的に生じる。スリット板の可動性を高めて通過したスリットを特定しやすくすると、干渉縞の強弱の差は小さくなる。通過したスリットが１００パーセント確実に特定できる極限で、ようやく強弱の差がなくなり縞模様は完全に消失する。

　この計算結果は、波動性と粒子性が厳密に排他的なのではなく、ある程度の範囲で共存できることを意味する。

　一見、奇妙に思える結果かもしれないが、場の量子論の考えに従って、電子がもともと粒子ではなく電子場の波動だと見なせば、それほど不思議ではない。電子場の波は、原子と同程度のサイズならば、原子核の周囲に定在波を形成するといった形で波動性が明瞭になる。だが、原子よりも遥かに巨大なスケールになると、通常はさまざまなエネルギーの流れがあり、振動数の異なる波が干渉するため、干渉縞のようなはっきりした波動性は打ち消されてしまう。

　原子より巨大なスケールで量子論的な波動性を表面化さ

せるには、二重スリットのように、それなりに精密な実験装置を用意しなければならない。たとえ、正確に動作させれば干渉縞が生じる装置であったとしても、各パーツがしっかりと固定されていなければ、干渉縞が鮮明になるための条件が満たされず、縞模様が薄れてしまう。スリット板を可動にすると干渉縞が消えていくのは、これと同じタイプの現象であり、さして驚くような出来事ではない。わざわざ「粒子性が観測されるようなセットアップにしたので、粒子性とは排他的な関係にある波動性が失われた」などと小難しく解釈する必要はない。

波動性と粒子性が必ずしも排他的でないことを示す事例は、工学的な応用分野で数多く見られる。

現在の半導体技術では、極小サイズの加工が可能である。基板の表面に素材分子を薄く吹き付けることによって、厚さがナノメートル程度の薄膜を作る技術も開発されている。こうした薄膜内部に電流を流す場合、薄膜表面に垂直方向には、電子の波が閉じ込められることにより、薄膜の中央付近にピークがある定在波が形成される。しかし、平行方向には閉じ込められないため、あたかも粒子であるかのように電子が移動する。つまり、1つの現象の中で、垂直方向では波動、平行方向では粒子という二重性を体現するのである。

ナノスケールの加工を施した半導体では、電子が特定の領域に閉じ込められてエネルギー一定の状態になったり、トンネル効果でポテンシャルの障壁を透過したりと、波動的な現象が随同時に表れるケースは、さほど珍しくない。

人間による観測は必要か

ここまで説明したことから明らかなように、二重スリット実験でスリット板を可動にしたときに干渉縞が消失するのは、人間が観測を行ったからではなく、実験装置が干渉縞を生み出すセットアップになっていなかったからである。

初期の量子論が、物理学者のみならず哲学者の関心を引いたのは、物理現象を論じるのに人間の役割が無視できないという形で理論が構築されていたからである。人間がどのような観測を行うかによって、物理的な状態が左右されるという見方であり、人間から独立した客観的な物理的実在が厳然と存在するという自然観を否定するかのようだった。

かつては、ボーアやハイゼンベルクらが行ったこうした哲学的な議論がもてはやされたが、現在ではあまり重視されない。巨大加速器を用いた素粒子実験では、素粒子同士の衝突によって生起する現象をドリフトチェンバー（粒子の位置を検出する装置）や電磁カロリメータ（粒子のエネルギーを測定する装置）など多数のセンサーで測定、得られたデータをコンピュータで自動的に解析しており、人間による観測は不必要である。

20世紀初頭には、電子の移動のような量子論的な過程そのものは、観測不能だと考えられていた。人間が手にできるのは、巨視的な実験装置を通じて得られた少数のデータだけであり、その解釈を巡って議論が紛糾した。

しかし、現在では、観測装置の進歩によって、分子の結合過程がリアルタイムで観測できる場合すらある。量子効果の中には、超流動（極低温にした液体が容器壁を這い上がってこぼれ出るような現象）やマイスナー効果（超伝導体が完全反磁性を示す効果で、磁気浮上を可能にする）など、巨視的スケールを持ち肉眼で捉えられるものもある。

マイスナー効果が発現すると、それだけで、伝導電子と原子振動のエネルギー量子であるフォノン（１００ページ参照）が超伝導を実現する特殊な量子論的状態（ボース＝アインシュタイン凝縮）になったとわかる。したがって、磁場の内部で冷却した物体が浮上するのを見ることは、立派な量子論的観測と言えるが、見るだけで対象に何らかの物理的影響を及ぼすとは考えられない。

溶液が特定の色を示すのは、分子の周囲にイオンが集まって電子のエネルギーを変化させることに起因する量子効果である。高校化学でも使われる滴定《てきてい》という手法では、試薬を滴下し続けたとき、ある段階で色が急変することから臨界濃度に達したとわかる。面白いのは、臨界濃度に達する直前に、試薬を滴下した周辺で濃度が揺らぎ局所的に色が変わる様子が見られるため、次の1滴で臨界濃度に達すると予測できること。溶液内部における量子論的な変化を、リアルタイムで視認できる実験である。ボーアやハイゼンベルクは、この実験をどのように解釈するのだろうか。

本当はどっちを通ったのか

二重スリット実験で干渉縞が生じているとき、電子がどっちのスリットを通り抜けたのかを実験的に決定するのは困難である。観測に必要な装置を取り付けるだけで、干渉条件が破れて干渉縞が消失してしまう。

それでは、「干渉縞を生み出した量子論的な過程がいかなるものかは、決して解明できない」「こうした過程には、そもそも客観的な実在性がない」と考えるべきなのかというと、そうとは言えない。一般に干渉縞は、2つのスリットのそれぞれを波が通り抜け、スクリーンの置かれた地点で各スリットからの波が重なることによって、生じるものである。したがって、電子の二重スリット実験でも、現実に電子の波が2つに分かれてスリットを通ったと考えるのが、合理的である。

ここで、「電子が2つに分かれることなどあり得ない」と言いたくなった人は、原子論的な自然観に頭脳が凝り固まっている。場の量子論では、電子という粒子は実在せず、電子の場だけがある。電子の場に生じた波が２つに分かれてスリットを通り抜けたとしても、おかしなことではない。

もちろん、「電子数」に関する保存則は満たされなければならない。ただし、電子数と言っても、粒子を「１個、２個、……」と数えたときの個数ではない。場の量子論における電子数とは、場の値をある組み合わせで積分した結果を指す。積分は、さまざまな地点における値を足し上げていく操作であり、電子数を定義する際に、１個にまとまった粒子の存在が前提されている訳ではない。

しかも、電子の場は、ディラックが明らかにしたように４つの成分を持ち、うち２つはプラスの電子数を持つが、残りの２成分は、電子の反粒子である陽電子としてマイナスの電子数を持つ。実験開始段階での電子数が１だったとすると、その後の過程では、あらゆる地点におけるプラスの寄与とマイナスの寄与をすべて加え合わせた値が１になるように、波の伝わり方に制限がつく。これが、電子数の保存則であり、原子論的な個数の保存則とは異質である。

干渉縞が生じる過程では、電子は波動として２つのスリットをともに通り抜けている。この２つの波が合流して干渉縞を作り出すので、各スリットを通り抜ける波を別々に考えても物理現象の正しい記述にはならない。あわせて１つの出来事なのであり、「本当はどっちを通ったのか」と問うことは、物理的に意味がない。

干渉する過程は1つの《歴史》

干渉縞が生じるとき、電子が一方のスリットだけを通過してスクリーンに到達したと見なすことはできない。電子の４つの成分が複雑に絡み合いながら、二手に分かれて伝播しスリットを通過してきたのである。干渉縞は、それぞれのスリットを通過する波が互いに干渉することを表す。

例えば、谷川の流れが途中で岩にせかれて二手に分かれ、その後に再び合流するケースを考えてみよう。このとき、谷川の流れが一時的に分かれたとしても、二手に分かれた流れをあわせて１つの出来事と見なすべきである。

同じように、二重スリット実験での電子の状態を時間を追って論じるときには、途中で２つのスリットを通過したことを含めて、１つの物理現象と見なすのが正当である。かつては、「スリットのどっちを通ったか確定できないのだから、スクリーンに到達する以前に何が起きたかを人間が議論することはできない」という、哲学的にも見える主張があった。しかし、これは、「電子は粒子だ」という原子論的な発想にとらわれた偏見にすぎない。「電子は波であり状況によっては粒子のように振る舞うこともある」という場の量子論の立場を採用するならば、通過したスリットを決められなくても、何ら矛盾はない。

干渉縞が生じる二重スリット実験では、電子の波が二手に分かれ、それぞれのスリットを通過して合流したという過程全体が、ひとまとまりの物理現象を表す。このように、時間軸に沿って記述されたひとまとまりの現象を、量子論的な《歴史》と呼んでもかまわないだろう。量子論では、電子がどのような軌道を描いて運動したかを記述することはできない。これは、人間知性の限界とか客観的実在性の欠如などではない。電子が波であることの現れであり、「波だから軌道を描いていない」と解釈すべきである。波動としての状態変化まで含めた記述ならば、量子論で《歴史》を語ることは可能なのである。

量子論的な歴史の記述が可能だという主張は、1970年代から複数の物理学者によって提唱されており、現在では、定説とまでは言えないが、かなり有力な見方として学界で広く支持されている。最も有名なのが、1984年にロバート・グリフィスが提唱した「整合的な歴史(consistent histories)」というアイデアで、二重スリット実験のような特定の過程について、具体的に時間変化を記述する方法が取り上げられた。二重スリット実験では、それぞれのスリットを通過する電子の波が干渉するのだから、これらを分けて別々に考えることはできない。両者をあわせたものが、1つの整合的歴史なのである。このアイデアを一般化すれば、干渉する可能性のある部分的な過程は、すべて1つの《歴史》に含めるべきだとされる。

それでは、互いに干渉し合わなくなった過程は、何を表すのだろうか？　こうした「脱干渉」が見られる例として、再び、シュレディンガーの猫の事例に立ち戻ろう。

干渉しない歴史なら分岐するか

シュレディンガーの猫については、前章で「重なりの状態が安定かどうか」という観点から議論したが、量子論的な《歴史》を問題とする場合は、猫の状態変化が始まるより前の段階に注目すべきである。

毒ガス発生のトリガーとして中性子のベータ崩壊を利用した場合、ベータ崩壊が起きた後では、陽子・電子・反ニュートリノの場に波が生じているが、起きる前は、中性子の場以外には波がなかった。ベータ崩壊の前後では、波を表す式の形が全く異なる別個の状態であり、この2つを重ねて安定させることは不可能である。とすると、ある時刻にベータ崩壊が起きた状態と起きなかった状態は、互いに干渉することのない別の歴史を表すと考えられる。

「別の歴史」と言うと、「第二次世界大戦の勝者が連合国である歴史と枢軸国である歴史」のようなパラレルワールド（並行世界）を思い起こす人がいるかもしれない。だが、量子論的な歴史の数は、こうしたSF的なパラレルワールドとは比べものにならないほど膨大である。

ベータ崩壊が起きるケースでは、秒よりも何桁も短い瞬間ごとに、異なる歴史に分岐することになる。化学反応の場合も、反応前後の状態は互いに干渉しないので、世界のどこかで1個の分子が化学変化をするたびに、別の歴史が生まれる。こうした無数の歴史が、すべてパラレルワールドとして実在するとは、到底信じられない。ベータ崩壊や化学反応のような干渉しない状態への変化——脱干渉——によって区別される歴史は、式に記されるだけの仮想的なものであり、実際には、そのうちの1つが実現されると考えるのが妥当だろう。

孤立中性子をトリガーとしたシュレディンガーの猫のケースでは、猫を箱に入れてから10分間が経過したとき、猫が生きている歴史の実現確率は50パーセントである。残りの50パーセントは、どの瞬間に中性子が崩壊したかに応じて分岐する無数の歴史のうち、いずれか1つが実現される確率の総計である。

ボーアやハイゼンベルクの信奉者ならば、「箱の蓋を開けるまで猫は量子論的な重なりの状態にあり、蓋を開けて人間が観測した瞬間に、重なりが崩れて1つの事実が観測される」と主張するかもしれない。だが、この主張は物理学的に不徹底である。

そもそも、人間が物を見ること自体が量子論的な過程である。視覚は、網膜に存在する光受容タンパク質が光子を吸収して立体構造を変化させることに起因する。意識を担う神経興奮も、細胞膜に埋め込まれた巨大なタンパク質（イオンの流れを制御するのでイオンチャンネルと呼ばれる）の働きが生み出す。どちらも、紛れもない量子効果の現れである。したがって、猫が量子論的な重なりの状態にあるとすれば、人間の方も、生きた猫を見た観測者と死んだ猫を見た観測者の重なりになるはずだ。

「観測者も含めて、すべてが別々のパラレルワールドに実在する」という解釈も不可能ではないが、あまりに常識外れであり、まじめに主張する物理学者はほとんどいない。

量子論で《歴史》を語る

以上のように考えると、量子論的な物理現象は、時間軸に沿って連続的に変化する《歴史》として扱うことが可能になる。互いに干渉し合う過程は、すべてまとめて同じ《歴史》と考える。脱干渉によって分岐した過程は別個の《歴史》と見なし、現実にはそのうちの1つだけが起きるものとする。この立場を採用すれば、量子論においても、何が起きたかを時系列で記述することが可能になる。

ハイゼンベルクらの議論では、人間による観測が物理現象の帰趨を左右する。しかし、想像を絶するほど広大な宇宙の中で、塵のような惑星にへばりついて生きる人間がそれほど重要な役割を演じるとは、ちょっと考えにくい。干渉の有無によって量子論的な過程を区別する立場は、私が知る限り、量子論の最も合理的な解釈である。

第9章　離れているのにもつれている？

量子論の非常識さを強調する際によく言及されるのが、「量子もつれ」と呼ばれる現象である。相互作用していた2つの量子論的システムを遠く引き離したとき、それぞれのシステムで観測される量の相関（用語の意味は後で説明する）が、古典的なシステムで見られる相関と異なるという性質である。解釈によっては、まるでSFに登場するテレパシーか何かのように、遠く離れたシステムが空間を超えて連絡を取り合っているようにも見える。こんな連絡手段が現実にあるのなら、確かに、量子論は常識外れの奇妙な理論である。

空間を一瞬で飛び越える遠隔作用の存在は、場の理論の考え方と両立できない。場の理論は、空間の各地点に物理現象の担い手となる場が実在することを前提とし、さらに、ある地点に生じた出来事の影響が直接作用するのは、隣接する場に限られるとされる。これが、「局所実在論」と呼ばれる考え方である。この考えに従うならば、遠方に影響が及ぶには、途中の経路にある場を順次伝わっていかなければならない。かけ離れたところに一瞬のうちに作用が到達することは、あり得ないのである。

近代物理学の中には、遠隔作用を認める理論もあった。17世紀に提出されたニュートンの重力理論は、ある地点に置かれた質量が、一瞬のうちに遠く離れた別の質量に力を及ぼすという形式になっていた。この理論に対しては、発表された直後から、遠隔作用をオカルト的な怪しげなものと感じた多くの科学者が批判を浴びせたが、誰も代わりとなる理論を作れなかった。ようやく20世紀初頭になって、アインシュタインが一般相対論を構築し、ニュートンの重力理論が、遠隔作用のない場の理論の近似であることを示したのである。

一般相対論によると、重力作用を伝える場は、時間と空間が一体化した時空そのものである。ある地点にエネルギーが存在すると、その周囲で時空がゆがみ重力を生み出す。エネルギーが移動した場合は、その結果として生じるゆがみの変化が、隣接する地点に順番に伝わっていく。ただし、その伝播速度はきわめて大きく、一瞬で空間を飛び越えたと感じられるのである。

場の理論をベースとして作られた場の量子論も、遠隔作用を容認しない。それでは、まるで遠隔作用の現れであるかのような量子もつれは、場の量子論と矛盾する鬼っ子なのだろうか？この第9章では、こうした議論が誤解に基づいており、量子もつれが存在するからと言って、遠く離れた量子論のシステムが遠隔作用でつながっている訳ではないと主張したい。

ただし、量子もつれについては、まだ完全に解明されておらず、学界でも意見が分かれている段階なので、クリアカットな説明はできない。特に、章の後半で触れる「ベルの限界が突破された」ケースに関しては、推論に基づくかなり込み入った解説になる。

量子のもつれとは

量子もつれとは、もともとは、量子論が不完全であることを示すために、アインシュタイン＝ポドルスキー＝ローゼンの連名論文「物理的実在についての量子力学の記述は完全だと考えられるか？」（１９３５）で論じられた現象であり、３人の頭文字を取ってＥＰＲ相関と呼ばれる。

アインシュタインは、ボーアとの論争において、「相互作用をしていた2つのシステムの一方を観測することで、他方の状態を調べる」という思考実験を繰り返し提案した。これは、注目する対象に直接的な観測操作を加えないことで、ハイゼンベルクの顕微鏡（１２０ページの図５－１参照）に見られた「観測に伴う擾乱」を避けるための手法である。ＥＰＲ論文で扱われたのは、そうした思考実験の一種であり、簡単に反論できない精緻な議論を展開している。

アインシュタインらは、相互作用によって特定の量子状態になった2つの粒子が、まるで遠隔作用で互いに連絡を取り合っているかのように振る舞うことを示した。その上で、遠隔作用が存在するはずがないので、量子論の記述が不完全である証拠だと主張したのである。

これに対して、ボーアは、直ちにＥＰＲと同じタイトルの論文を執筆して反論を試みた。もっとも、ボーアの論文は何を言いたいのかさっぱりわからない支離滅裂な内容で、後にデヴィッド・ボームやジョン・スチュアート・ベルによって手厳しく批判された。また、パウリやハイゼンベルクは、遠隔作用に関するＥＰＲの主張は、量子論に対する批判と言うよりも量子論の特性を指摘したものと解釈し、敢えて反論しなかった。

ＥＰＲの議論は、粒子の位置と運動量の関係に注目したもので、２つに分かれた粒子のうち、一方の粒子の位置を測定すると他方の粒子の位置が、運動量を測定すると運動量が確定するという関係が論じられた。量子もつれがある場合、このように、もともと相互作用していた２つのシステムを引き離したとき、一方の状態を測定すると他方の状態が直ちにわかるという関係が成り立つ。特に重要なのは、最初の測定を行う際に、位置か運動量かというように、測定対象を自由に選べる点である。遠く離れた粒子に対してどんな測定をするかによって、直接測定を行っていない粒子の状態記述が左右されるのだから、量子論には遠隔作用が存在すると言いたくなるのもわかる。

もっとも、ＥＰＲ論文に記された実験は、実際に遂行するのが難しく、おまけに、その実験で何が明らかにされたのか、見通しがきわめて悪い。

そこで後続研究者がＥＰＲの議論を一般的な形式に書き直し、どのようなタイプの実験を行えば良いかを論じた。こうした研究で明らかになったのは、単一の実験では量子もつれを調べるのに不充分であり、何度も繰り返し実験を行って統計的データを集めなければならないということである。

新たに提案されたEPR相関の実験として最もわかりやすいのが、光子の偏光状態を測定する実験で、ボームが詳しく論じた。偏光とは、電磁場の振動が特定方向に偏っている状態であり、特に、電場が1つの定まった方向にしか振動しない状態は、直線偏光と呼ばれる。

EPR論文のように粒子の位置を問題とすると、どうしても、「その位置に粒子が存在する」とイメージしてしまう。実際に論じられるのは、「何度も実験を行って繰り返し位置を測定したときの統計的なデータ」なのであって、「そこに粒子がある」という命題とは物理的な意味がかなり異なる。この点、光子の偏光状態を測定対象にすれば、位置のように「粒子がどこかに存在する」といった既存のイメージにとらわれにくく、見通しが良くなる。

2つの光子が異なる方向に偏光している場合、それぞれの偏光状態についての量子論的な記述は、数式の上で、位置と運動量の関係と同じ形になる。したがって、位置と運動量の代わりに偏光状態を取り上げても、EPRの議論が正当かどうかを検証することができる。

光を使って量子もつれを調べる

ボームは、ある原子から同じ偏光状態になった2個の光子が放出されるケースを取り上げた。2個の光子が互いに影響を及ぼさないほど遠方に離れたとき、それぞれの偏光状態を観測するとどのような結果が得られるかを理論的に求め、それまで報告されていたさまざまな実験のデータと比較したのである。

話を簡単にするため、直線偏光に限定して説明しよう。光は電磁場の振動が空間内部を伝わっていく波だが、直線偏光では、電場と磁場は進行方向に対して垂直な特定方向に振動する。磁場は電場に対して常に直交するので、電場の向きを直線偏光の向きと見なしてかまわない。

ボームが挙げたケースでは、原子から放出される際に2個の光子が同じ向きの直線偏光になるものの、それがどの方向になるかは観測するまでわからない。観測方法としては、偏光板を使うのが一般的である。偏光板は、表面の分子を一定の向きに配向することで、決まった直線偏光の光だけを透過させるようにした光学的ツールである。透過させる偏光の向きを、偏光板の透過軸と呼ぶことにする。偏光状態がランダムな光子を照射すると、50パーセントの確率で透過したり遮断されたりする。

静止した原子から放出され同じ方向に直線偏光した光子1と光子2を、透過軸の向きが平行になるように調整した偏光板にそれぞれ照射する。このとき、量子論による予測では、一方が透過するならば他方も確実に透過し、一方が遮断されるならば他方も遮断される（図9-1）。

この予測を実験で検証するには、1回だけでは不充分である。偶然そうなったという可能性を排除するため、何度も実験を繰り返さなければならない。実際に光子ペアを生成し、その偏光状態について調べると、量子論の予測通りの結果が得られた。

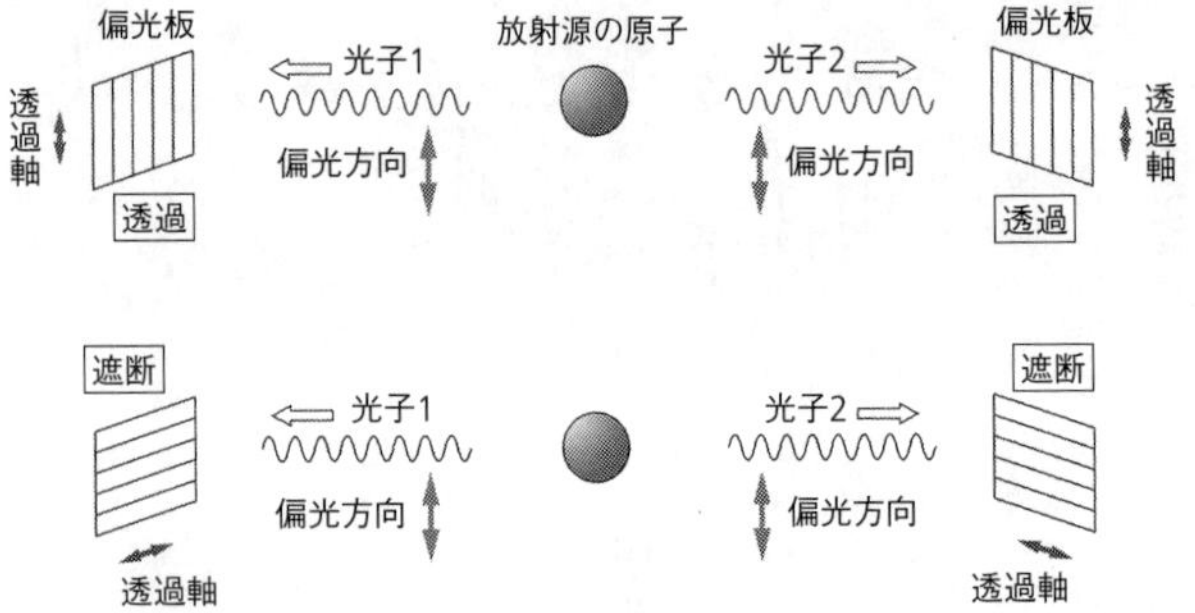

図9-1　2光子の偏光状態の測定

透過軸が同じ向きの偏光板で偏光状態を測定することは、EPRが提案した思考実験において、2つの粒子双方で位置を測定することに相当する。透過軸の向きが同じ偏光板を2つの光子がともに透過することは、EPR実験に置き換えると、測定された2つの位置が一定の関係にあることを意味する。

　偏光状態に関するこの結果は、さして不思議なことではない。光子1が偏光板を透過したという情報がテレパシーのように光子2に伝わって、必ず透過するように偏光状態を変化させたと考える必要はない。

　偏光のケースが不思議でないと理解できるように、参考になるケースとして、(172ページの図7−3のように)円形コップに入れた水を振動させる場合を考えることにしよう。2つ

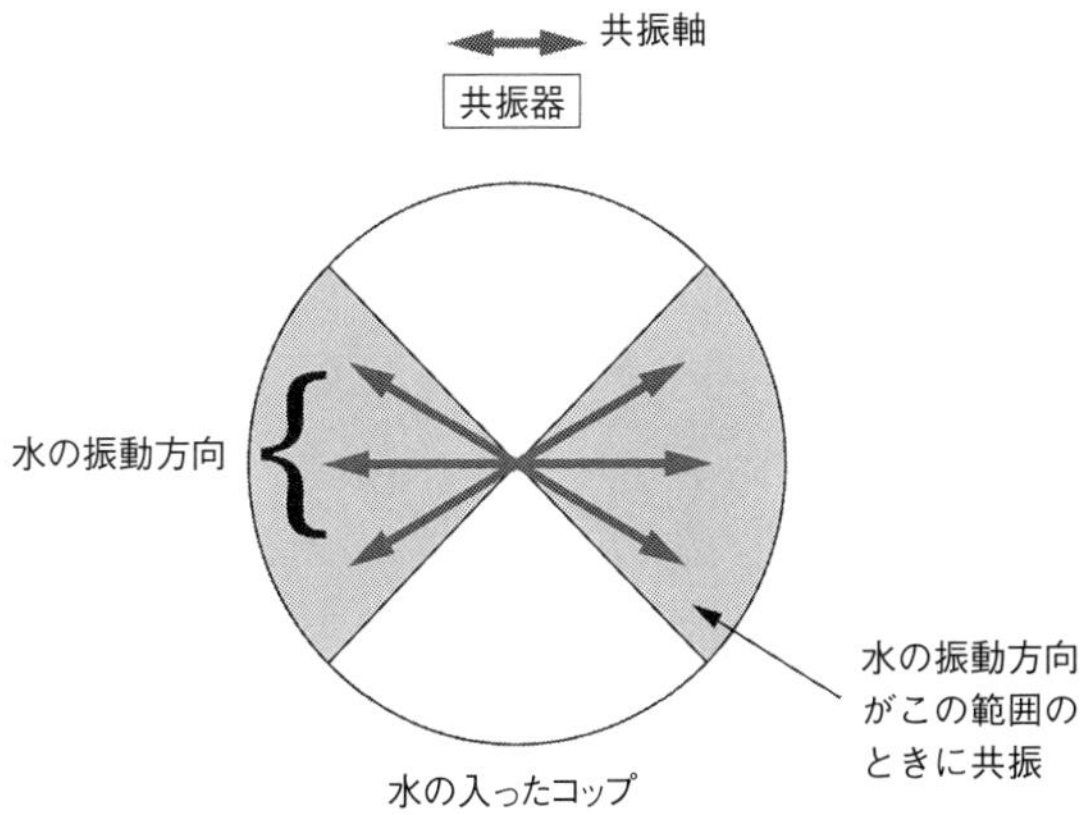

図9-2　水の振動方向の測定

のコップをくっつけて同じ向きに振動させた後、互いに引き離してから一方の振動方向を観測すると、その瞬間に他方のコップの振動方向がわかる。別に、観測結果が一瞬のうちに伝わって他方の振動状態を変化させたのではなく、単に最初の段階で同じ向きに振動していたからでしかない。

　偏光のケースと似せるために、コップ内の水の振動が目に見えず、観測用の共振器を共振させられるかどうかで振動方向を調べるものとしよう。共振器は共振軸が決まっており、水の振動方向がこの軸に対して45度以下なら共振が起きると仮定する（図9－2）。このとき、2つのコップに対して、共振軸が平行な2つの共振器を用意し共振の有無を観測すると、ちょっと考えればわかるように、引き離したコップの両方で共振するか、あるいは両方で共振しないかという、偏光のケースとよく似た結果が得られる。

観測結果が影響し合う？

物理学的に興味深いのは、2つの偏光板の透過軸が平行ではなく、相互の軸が一定の角度をなすとした場合である。EPRの思考実験に当てはめると、一方の粒子で位置の代わりに運動量を測定することに相当する。ただし、EPRが1回の実験しか想定しなかったのに対して、ボームは、何度も実験を行った場合、透過か遮断かに関する統計がどうなるかを問題とした。

2つの現象についての統計的データを比較したとき、相互に無関係ならば「相関がない」、同じ傾向性を示すならば「正の相関がある」と言う。偏光のケースでは、透過軸間の角度がゼロならば、偏光状態が同じ光子は、両方とも透過するか両方とも遮断されるかのいずれかになる。このように2つの現象が全く同じになる場合は、相関係数が1となる。相関係数とは、多数のデータを集計することで求められる量で、厳密な数学的定義があるが、ここでは、その定性的な振る舞いにだけ注目しよう。

透過軸間の角度をゼロから増やしていくと、一方が透過しても他方が透過しないケースが増え、相関係数は1から減少していく（図9－3）。ある時点で、一方が透過しても、他方は50

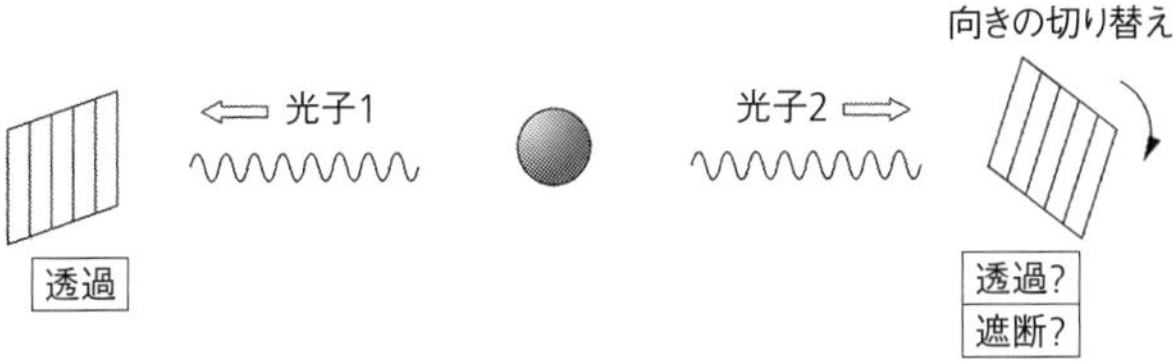

図9-3　観測する偏光方向の切り替え

パーセントの確率で透過したりしなかったりするようになる。これが、相互に無関係で相関のない状態に当たり、相関係数は０である。

さらに角度を増やすと、一方が透過するときには他方が遮断される確率が高く、「負の相関がある」ケースになる。透過軸を直交させると、一方が透過すれば他方は確実に遮断される。このように、２つの現象が完全に逆になるとき、相関係数は-1である。

こうした相関係数の変化は、どのように理解すれば良いのだろうか？　ボームは、原子から放出された時点で、それぞれの光子が定まった一方向に直線偏光していたと仮定すると、相関係数の変化を説明できないことを示した。さらに、楕円偏光などのケースも考察し、やはり相関係数の説明がつかないと論じている。

量子論は、ボームが課したこの仮定に縛られない。直線偏光状態にある光子も、１つの方向にきっちり定まって振動するのではなく、不確定性原理のため、偏光の向きは定まっていない。パウリらが構築した偏光状態の量子論を使えば、2光子間に見られる相関係数の変化を説明することができる。

集計して初めてわかること

EPRやボームが考案したタイプの実験を行った場合、量子論では予測されるが、「観測される物理量の値が、観測前から1つの値に定まっていた」と仮定すると導けないような相関関係が生じる。こうした相関がEPR相関である。数多くの実験でEPR相関が実際に観測されており、相関係数は、量子論で予測される値と一致した。

EPR相関を示す物理的状態が量子もつれであり、英語では「entanglement」と呼ばれる。もともと糸などがもつれた状態を指すが、カタカナで「エンタングルメント」と記すときには、量子もつれを意味するのがふつうである。ちなみに、「もつれ」という呼称は、量子論で物理的状態を表したときの式の形に由来する。一方の状態と他方の状態の積が含まれるのだが、基準の選び方によって掛け算の相手が複雑に入れ替わり、「もつれ」という呼び方がいかにもピッタリする。

量子もつれについて考える際に、忘れてはならないポイントが2つある。

1つは、この現象が統計的なものだという点である。相関係数の値は、何度も繰り返し測定したときに、データの統計的な振る舞いとして求められる。解説書の中には、まるで一度の実験で量子もつれの有無がわかるかのように記されたものもあるが、実際には、多数回の実験を行ってデータを集計したとき、初めて量子もつれがあったと確認できる。

もう1つは、量子もつれが、テレパシーのような遠隔相互作用を意味するものではないという点である。

量子もつれはテレパシーではない

原子から放出される2光子を用いた実験は、すでに何度も繰り返されており、量子論の予測通りになることが示された。ただし、一方の光子に対して観測を行ったことが、他方の状態を因果的に変化させたのではない。このことは、光ファイバーを使って充分に引き離し、原子時計を用いて観測の順番を精密に調整する実験によって、確認されている。

「一方を観測した瞬間に他方が変化する」という解釈は、場の量子論の原理とも矛盾する。場の量子論には、「物理的な相互作用は光速を超える速度で伝わらない」という相対性理論の原理が理論形式の中に組み込まれており、瞬間的に遠くまで伝わる相互作用は不可能である。もし、そんな相互作用が存在するならば、超光速通信が可能になるはずだが、ＥＰＲ相関の存在を調べる実験はいくつも行われているのに、超光速通信の可能性を示すデータはない。

実は、2光子の偏光状態に見られる相関だけならば、量子論でなくても、簡単なモデルを使ってボームの否定的な議論を回避することが可能である。ボームは、観測前から偏光方向が特定の向きにあったと仮定すると実験データと食い違うことを示したが、値が定まっているのが観測される物理量だという条件を外し、「隠れた変数」を仮定する抜け道がある。

再び、引き離した円形コップ内の定在波の振動方向を、共振器が共振するかどうかによって調べる実験を取り上げよう。最初に2つの共振器の共振軸が同じ向きで、常に両方とも共振するか共振しないかという相関係数+1の関係だったとする。そこから片方の共振軸の向きを少し変えた場合、共振する範囲からはみ出ることがあるので、一方が共振し他方が共振しないケースが生じる（211ページの図9－2参照）。この場合、相関係数は、当初の+1から減少する。2つの共振器の間で共振軸の角度を大きくすると、相関係数は連続的に減少する。90度では共振するかしないかが2つのコップで逆になり、相関係数は-1となる。

共振器を使った測定では、共振するからといって水の振動方向が共振器の共振軸方向に確定しているわけではない。「実際に水はどの向きに振動しているか」という観測されない変数があり、この〝隠れた〟変数の存在によって、相関係数の変化が説明できる。

光子のケースでは、直線偏光の向きが1つに確定しておらず、偏光がどのように広がっているかを表す隠れた変数を導入すると、ボームの否定的議論を回避できる。偏光の広がり方に応じて偏光板を通り抜けられるかどうかが決まるとすれば、実験で見出された偏光状態の相関を導くことも不可能ではない。

ところが、こうした簡単なモデルでは決して説明できないケースがあることを、１９６４年にベルが発見した。そのことを表すのが、ベルの不等式である。

ベルの不等式

ボームが取り上げたのは、同じ偏光状態にある２つの光子を引き離し、透過軸が特定方向を向いた偏光板にそれぞれの光子を照射する実験である。これに対して、ベルは、偏光板の向きを切り替えた場合の相関係数について調べた。その結果、いくつかの条件が満たされるならば、相関係数を組み合わせた量が、ある限界値以下でなければならないことを見出した。「相関係数の組み合わせが限界値以下になる」という大小関係が、「ベルの不等式」と呼ばれる式である。

量子論（場の量子論ではなく、シュレディンガーやハイゼンベルクが作った量子力学）に基づく形式的な計算によると、ベルの限界が突破されるという結果が予測される。１９８２年にアラン・アスペらによって行われた実験では、量子論の予測通り、限界値を超えるデータが得られた。その後、さまざまなケースについて実験が繰り返されたが、いずれも、量子論の予測が正しいことを示した。ただし、ベルの不等式を導くのに必要な条件のうちのどれを量子論が満たしていないのかは、形式的な計算だけではわからない。

ここで重要なのは、量子論がいまだ完成された理論ではないという点である。第8章で紹介した脱干渉のメカニズムは、厳密に定式化されたとは言いがたい。量子力学（粒子の量子論）が場の量子論の近似にすぎないという見方は正しいと信じられるが、化学反応のような現象を場の量子論の立場から見直す試みは、ほとんど実行されていない。光が偏光板に照射された際、配向した分子が電磁場とどんな相互作用をして透過させたりさせなかったりするのかも、わかっていない。こうした状況にあるのだから、ベルの不等式が成り立たない理由をきちんと議論することは、物理学の基礎を解明する上で、欠かせない作業である。

ベルの示した限界が突破されたという実験結果は、物理学的に何を意味するのだろうか？この問いに答えるには、ベルの不等式を導く際の条件が何かを検討する必要がある。

第一の条件は、「孤立した物体の振る舞いは、物体内部の物理的変数がどの範囲にあるかによって一意的に定まる」というもの。物理的変数とは、結晶内原子が釣り合いの位置からどれだけずれているかを表す変位のように、状態に応じて値が変わる物理量のことである。変数の値を変えない理想的な観測ならば、どんな観測結果が得られるかも内部変数の範囲で決まる。

この条件は、物体の振る舞いを決定するのが「変数の値」という実在的な要素であることを

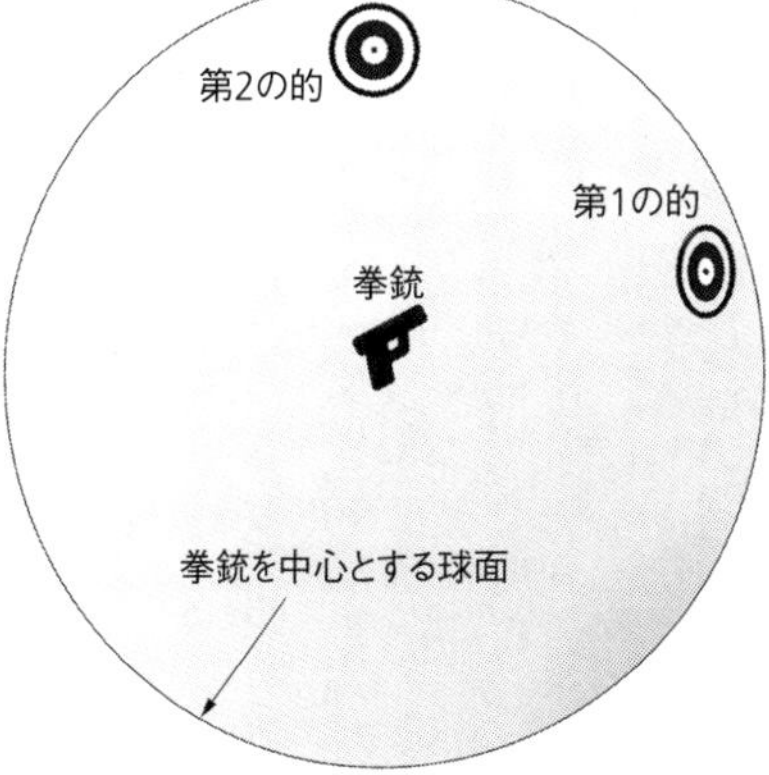

図9-4　弾が的に当たる確率

前提とする。また、変数が物体内部に限られるのだから、空間を飛び越える遠隔作用が存在しないことも含意する。したがって、局所実在論の要請と言って良いだろう。

この要請に加えて、さらに、変数が特定の範囲に入る確率（物理学者は「測度」という専門用語を使う）の満たす条件が必要となる。

ここまでの抽象的な議論だけではわかりにくいので、具体的な例を挙げる。重力や空気抵抗が無視できる場所で、四方八方にデタラメに撃った拳銃の弾が小さな的《まと》に当たる確率を考えていただきたい（図9－4）。拳銃の位置を中心とし、的までの距離を半径とする球面を描くと、デタラメに撃った弾は、この球面のどの地点にも同じ確率で当たる。したがって、的に当たる確率は、的の面積を球面の面積で割った値に等しい。その値は、的の面積と位置が一定の場合、プラスの定まった値（正定値）となる。このように、確率が正定値になるという性質は、確率論の大原則とされる。

状況が複合的になった場合の確率は、個別的な確率の和や差を使って求められる。拳銃から同じ距離に2つの的があった場合、どちらかの的に当たる確率は、それぞれの的に当たる確率の和から、的が重なった部分に命中する確率を引いた値になる。和や差を用いる確率計算も、確率論の基本である。

ベルの不等式は、「変数の範囲によって観測結果が一意的に決まる」「変数がある範囲に入る確率は正定値となる」「複合的な状況の確率は個別的な確率の和や差から求められる」という条件を仮定すると、数学的な式変形だけで導かれる。「偏光板の角度を切り替えて、2つの光子の偏光状態を観測する」というベルが提案した実験は、複合的な状況に相当しており、確率の和や差を用いてベルの不等式を導いている。

解答の見つからない問題とその意味

ベルが求めた限界が破られたのだから、量子論の予測通りになる現実の世界では、ベルの不等式を求める際に仮定した条件のどれか（あるいは、当たり前すぎて考慮しなかった何らかの別の条件）が、成り立っていないことになる。「変数の範囲によって観測結果が一意的に決まる」という条件が妥当していなければ、局所実在論が否定される。遠く離れているのに、直接的なコンタクトがあるのだろうか。

　現在でも正解は見つかっていないのだが、私が最もありそうだと感じるのは、確率の和や差に関する法則が破れている可能性である。ベルが提案した実験は、単純に、遠くに引き離した2光子それぞれの観測結果を比較するのではない。偏光板の透過軸を切り替えるという操作によって、同じ光子に関する2種類の物理量の関係を問題としている。遠く離れた相手ではなく自分だけに関わる物理量なので、両者の間に何らかの干渉が生じる可能性は否定できない。

　干渉が生じると、ある現象が起きる確率は、この現象を個別的な過程に分けたときの確率の和や差を使って求めることができなくなる。二重スリット実験では、電子がスクリーンの特定の地点に到達する確率は、一方のスリットを通ってスクリーンに到達する確率の和にはならない。それぞれのスリットからやってくる波の干渉によって、確率が変動し干渉縞が生じる。拳銃の弾が的に当たるかどうかという確率も、的が重なったとき、的同士が何らかの作用を及ぼし合って面積が変化するならば、単なる和や差を用いた確率計算では求められない。

　ベルの限界が突破されたことを過大に評価して、量子論の成り立つ現実世界では、遠く離れたシステムでもテレパシーのような遠隔作用で連絡を取り合っていると解釈する人もいる。あるいは、「因果律が破れている」とか「客観的な実在はない」といった主張もある。

しかし、ベルの不等式が破れることは、それほど本質的な出来事なのだろうか。実際に報告された事例は、かなり特殊な実験に限られる。原子から放出された2光子における偏光状態の相関のような、自然界でさして大きな意味を持つとは思われない人為的なケース、それも、直接的な観測結果ではなく、データを集計して初めてそれとわかる珍しい出来事である。こうした状況を鑑みると、私には、EPR相関や量子もつれが、自然観の根幹に関わる重大な現象だとは、どうしても思えない。

ベルの限界が突破されたからと言って、遠隔作用の有無や因果律、客観的実在の問題にまで議論を拡大する必要はないだろう。物理現象の根底にある量子論的な波動が干渉を起こし、和や差を使った単純な確率計算が通用しなくなっただけのことではないか。そう考えるのが最も合理的だというのが、私の見解である。

おわりに
本当の量子論

　量子論は、しばしば、常識に反する奇妙な現象を記述する理論として紹介される。「シュレディンガーの猫」なども、そうした非常識な現象と見なされることがあった。だが、第7章で示したように、生きた猫と死んだ猫の状態が現実に重なることは、たとえ量子論の範囲であっても、あり得ない。生きた猫と死んだ猫は別の《歴史》に存在しており、1つの歴史だけが実現されるという常識的な解釈に従えば、猫は生きているか死んでいるかのどちらかなのである。重ね合わせの状態が実現されるのは、例えば、超伝導リングで電流が右回りの状態と左回りの状態が重なるケースのように、そもそも「電流は荷電粒子の流れだ」といった古典論のイメージが通用しない領域である。

　量子論は、何も常識外れの理解不能な理論ではない。基本になるのは、物理現象の根底に微細な波動が存在するという考え方である。この波動によって、世界は安定と秩序を獲得する。閉じ込められた波が共鳴パターンとなる定在波を形成することで、一定の質量を持つ素粒子が生まれ、原子のエネルギーが離散的な値になる。波のパターンが繰り返された結晶が巨視的な物質を形作り、高分子に見られるさまざまなエネルギー状態間の遷移が複雑精妙な生命現象を可能にする。

量子効果を実現する微細な波動そのものは、人間のスケールではほとんど表面に現れない。日常生活の範囲では、太陽光線の回折や雪の結晶が六角形であることなど、ごく限られた現象を通じて間接的に観察されるだけである。このため、20世紀初頭における技術的進歩によって、原子スケールでの現象が次々と明らかにされると、巨視的な物質が従う法則との違いが嫌でも目についた。ボーアは、新たに見出された現象を古典論と調和させるための哲学的思索に耽った。19世紀に確立された原子論的な自然観にどっぷり浸かっていたハイゼンベルクやディラックは、「粒子が波の法則に従う」という理論を模索した。

しかし、巨視的・微視的を問わず、世界で生起するすべての出来事が、根底にある波動性の現れだと解釈すると、難解な哲学や内部矛盾をはらんだ理論は不必要となる。アインシュタイン、シュレディンガー、ヨルダンらによって段階的に練り上げられた場の量子論は、波動だけが存在する一元論的な世界観を支持する。

量子論がひどくわかりにくいものになった原因は、おそらく、ハイゼンベルクやディラックが抽象的な数学に基づく体系化を進めたことにあるだろう。ハイゼンベルクは、ボルンとヨルダンが見出した「交換関係」を原理とする体系的な議論を3人の共同論文で展開、ディラックも彼らとは独立に同じ方向での研究を進めた。この潮流に、20世紀最高の数学者とも言われるジョン・フォン・ノイマンが加わることで、ヒルベルト空間という抽象数学のツールを用いた量子論の体系が完成される。

しかし、こうして得られた数学的体系が物理現象を正確に記述するものだとは、どうにも信じられない。そもそも、第5章で説明した交換関係が本当に原理だという証拠がない。交換関係は場の量子論にも拡張され、「正準量子化」と呼ばれる厳格な手法の出発点となった。だが、見方によっては、出発点とすべき原理ではなく、波の性質を抽出した関係式だと解釈することもできる。場の量子論において、交換関係の内容を言葉で表すと、「ある瞬間の場の強度は、直前の強度と特定の関係にある」となる。これは、あるタイプの波が場に生じていると考えるならば、自然に導かれる性質である。そんな性質が、理論体系の出発点としてふさわしいのか、疑問に感じざるを得ない。

抽象数学に基づく議論が抱える最大の問題は、「何が起きているか」を具体的にイメージできない点だろう。数式だけで考えていると、「なぜ原子は特定のエネルギー状態で安定するのか」「二重スリット実験における電子はどんな運動をしているか」などの問題について、量子論の体系を知らない人にもわかるように説明することが、どうしてもできなくなる。

理論物理学の学界には、数学的な体系こそ最善だと見なす一派がいる。簡単な数式で表される原理から出発し、数学的に厳密な手法を用いて議論を進めることにより、あらゆる物理現象を説明しようとする。私は、こうした考え方を、物理学原理主義と呼んで嫌っている。原理主義的な方法論に徹すると、数学的な枠組みにとらわれ、物事の本質が見えなくなる危険がある。物理学原理主義の弊害が最も顕著に表れた例として、近年における「超ひも理論」の栄枯盛衰を挙げることができるだろう。

超ひも理論（超弦理論）は、素粒子の標準模型を超える理論として、１９８０年代から活発に研究された。物質の根底にあるのが、1次元的な広がりを持つひも（弦）だとする理論だが、当初から理論に対する数学的な制約が厳しく、直観的な理解が困難な内容になっていた。例えば、理論の整合性を保つためには、時空の次元数が、われわれが目にする時間1次元・空間3次元の4次元ではなく、10次元でなければならない。「なぜ10次元か」という問いに対して、超ひも理論を信じていない人に納得してもらえる答えが提出できず、「この理論に従って計算したときつじつまが合うように」としか説明できなかった。

実験データとは切り離された理論でありながら、出発点となる数式をいじり回すだけでいろいろな帰結が導けるため、あまたの論文が執筆された。実験家と理論家が協力し合って物理現象を解明しようとする動きは乏しくなり、超ひも理論を研究するのは、実験にさして興味のない数理科学者ばかり。彼らの論文は、数式の洪水と言えるような内容になった。

超ひも理論に関しては、一般市民に向けた書物も数多く出版され、まるで21世紀の理論物理学をリードするかのように喧伝された。主要大学における素粒子論研究室のポストが、超ひも理論研究者で占められる事態も起きた。

しかし、その勢いは、21世紀に入った頃から急速に失われる。超ひも理論を支持するデータが、いつまで経っても見つからなかったからである。今のところ、超ひも理論によってメカニズムが明らかにされた物理現象は、ないと言って良いだろう。１９９０年代には、あらゆる物理現象を解明する「万物の理論」ともてはやされたが、現在では、そもそも超ひも理論が自然界の根底にある法則と関係があるかどうかも怪しい。わずかに、研究の副産物として見出された数学の定理が、量子情報理論という分野に応用できるかもしれないと言われる程度である。

超ひも理論はどこに問題があったのか？　端的に言えば、数式に頼りすぎたことである。物理現象を解明するためには、実際の現象に目を向けるべきだった。

ハドロン（陽子や中性子、中間子などの総称）とは何かを研究していた１９７０年代の素粒子論研究者は、加速器によって高速で素粒子同士をぶつけたときの反応を調べ、陽子や中性子の内部構造がどうなっているかを模索した。一つ一つを詳しく説明することはしないが、中間子はひものように長く伸びた構造をしているというひも理論や、解像度を上げると次々と新しい構成要素が見つかると論じたパートン模型、群論を使って素粒子が何種類もある理由を説明する非可換ゲージ理論など、数多くの理論が次々と考案された。大規模な実験装置がもたらす膨大なデータは、人間の知性では捉えきれない現象を次々と明らかにした。こうなると、いかに天才的な物理学者といえども、それ１つですべてを解明できる完璧な理論を考案することは不可能である。ハドロンの謎に挑んだ物理学者たちは、互いに知恵を出し合い、別個に提案された理論をいくつも組み合わせることで、ようやく素粒子の標準模型という最良のソリューションを見出したのである。

ところが、超ひも理論は、出発点となる数学的な枠組みが厳格に定められており、そこからひたすら数式をいじくるような研究しかできない。このように、実際の物理現象から多くの知見を得る道が絶たれたことが、超ひも理論が行き詰まり、しだいに顧みられなくなった原因である。物理学原理主義の方法論が破綻した例と言えるだろう。

ハイゼンベルクを中心に構築された正準量子化の手法も、超ひも理論に近い原理主義的なやり方である。ただし、量子論の場合は、関連する実験が豊富に行われていることもあって、直観的な理解が可能な別の手法も開発されている。

正準量子化に対抗する手法が、「経路積分法」と呼ばれるもの。原型となるアイデアを１９４９年にファインマンが提案し、その後、多くの物理学者によって改良が重ねられてきた。正準量子化が抽象数学のツールを使って記述され、状態変化が微分方程式で表されるのに対して、経路積分では、波の重ね合わせが議論の根幹に据えられ、微分の代わりに積分が使われる。

経路積分法は、微分方程式に依存する理論とは異なり、次の瞬間に何が起きるかが完全に決定されるものではない。起こり得るさまざまな変化の中から、安定性の高い経路が自然に選び取られる。ちょうど、場所によって屈折率の異なる媒質中を進む光の波が、フェルマーの原理に従って、自然に光学的距離が最短となる経路を進むように。

この手法の欠点は、正準量子化ほど数学的にきっちりしていない点である。そのせいで原理主義者から批判されることもある。しかし、硬直的な正準量子化とは異なり、経路積分に支配される世界はどんな状況に陥っても、シンギュラリティ（理論が破綻する特異点）を生じさせずに対応できる柔軟さが備わっている。微分方程式を形式的に適用すると、生きた猫と死んだ猫が重なるといったあり得ない帰結が導かれるが、経路積分法にそんな理不尽な主張はない。説明に高度な数学が必要になるため具体的な紹介は行わなかったが、物理現象が波動によって形作られるという経路積分法の基本的なアイデアは、本書における議論の背後に一貫している。

量子論とは、根底に存在する微細な波が干渉し合うことによって、世界が柔軟に変化することを明らかにする理論である。共鳴パターンとなる定在波によって秩序が形成され、生命現象のような複雑な出来事も可能にする。

これが、私の考える「本当の量子論」である。

著者略歴

吉田伸夫《よしだのぶお》

一九五六年、三重県生まれ。

東京大学理学部卒業、同大学大学院博士課程修了。

理学博士。専攻は素粒子論(量子色力学)。

科学哲学や科学史をはじめ幅広い分野で研究を行っている。

ホームページ「科学と技術の諸相」(http://scitech.raindrop.jp/)を運営。

『明解量子重力理論入門』『明解量子宇宙論入門』

『完全独習相対性理論』(いずれも講談社)、『宇宙に「終わり」はあるのか』

『時間はどこから来て、なぜ流れるのか?』(ともに講談社ブルーバックス)、

『光の場、電子の海』(新潮選書)、

『素粒子論はなぜわかりにくいのか』『量子論はなぜわかりにくいのか』

『科学はなぜわかりにくいのか』『この世界の謎を解き明かす　高校物理再入門』

(いずれも技術評論社)など著書多数。

幻冬舎新書 643

量子で読み解く生命・宇宙・時間

二〇二二年一月二十五日　第一刷発行
二〇二二年十月二十五日　第三刷発行

著者　吉田伸夫

発行人　志儀保博
編集人　小木田順子
編集者　武田勇美
発行所　株式会社　幻冬舎
〒一五一―〇〇五一　東京都渋谷区千駄ヶ谷四―九―七
電話　〇三―五四一一―六二一一(編集)
〇三―五四一一―六二二二(営業)
公式HP https://www.gentosha.co.jp/
ブックデザイン　鈴木成一デザイン室
印刷・製本所　中央精版印刷株式会社

Printed in Japan　ISBN978-4-344-98645-9 C0295
よ-9-1

*この本に関するご意見・ご感想は、左記アンケートフォームからお寄せください。
https://www.gentosha.co.jp/e/

幻冬舎新書

村山斉

宇宙はなぜ美しいのか

（カラー新書）

究極の「宇宙の法則」を目指して

宇宙は星や月など目に見えるものが美しいだけでなく、宇宙の法則を説明する理論も美しい。美しい理論とは何か？　美しい理論で宇宙の成り立ちをどこまで解明できるのか？　人類永遠の謎に迫る知的冒険。

大栗博司

重力とは何か

アインシュタインから超弦理論へ、宇宙の謎に迫る

私たちを地球につなぎ止めている重力は、宇宙を支配する力でもある。「弱い」「消せる」など不思議な性質があり、まだその働きが解明されていない重力。最新の重力研究から宇宙の根本原理に迫る。

小谷太郎

宇宙はどこまでわかっているのか

「地球外生命」はどんな星にいる？　重力波で宇宙の謎がどう解けた？　重力波、ブラックホール、中性子星の衝突・合体などを元ＮＡＳＡ研究員が楽しく解説。宇宙ニュースが10倍楽しくなる！

巽好幸

地球の中心で何が起こっているのか

地殻変動のダイナミズムと謎

なぜ大地は動き、火山は噴火するのか。その根源は、６０００度もの高温の地球深部と、地表の極端な温度差にあった。世界が認める地質学者が解き明かす、未知なる地球科学の最前線。